JN125879

製造業のIoT活用Q&A

IoTのお悩み、解決します！

山田 浩貢［著］

はじめに

■IoT を導入してみたものの…

ここ5年間で製造業でも IoT(internet of things：モノのインターネット)に対する関心が高まっています。最近は補助金による IoT 人材育成や IoT 導入企業への税制優遇措置も出てきて、国をあげて IoT を推進する動きが活発化しています。しかしながら、「知見のないまま、見様見真似で IoT 導入に取り組んだが定着しない」「IoT 導入の効果が見えない」という声をよく聞きます。

例えば、ある製造業の大手企業では新しいラインに設備を新設して、連続した加工状況のデータを収集することにより設備故障の予兆を検知して、予知保全につなげる実証実験を始めました。ところが、半年経っても1年たっても故障が発生しないため、目に見える効果がないという悩みを抱えていました。

この企業では、ある海外拠点のすべての工程で必要と思われるデータを収集しました。すると1日のデータ量が数十ギガバイトに上りました。そこで、そのデータを解析して設計工程に活用したいと思ったのですが、毎日数十ギガバイトのデータを送付するのに何時間もかかりました。また、データを保管する機器のリソース拡張の投資が必要となり、思うように推進できていないといった悩みもありました。

センサーの性能が飛躍的に向上し低価格化したこともあり、AI(artificial intelligence：人工知能)に代表される新技術の話題が先行して「自社の課題は何か」「どこにそれらの IoT 技術を活用すれば効果が出るのか」がわからないまま、IoT 導入を進めようとしているケースが散見されます。

したがって、やみくもに手をつけて陥りがちな問題に対し、有識者からうまくいくコツを教わることにより成功へ導く必要があると筆者は捉えています。

■その IoT のお悩み、解決します！

本書では「IoT を導入してみたが、暗礁に乗り上げている」または「これから IoT を導入したいと考えている」製造業の方々のさまざまなお悩みごとに対し解決に向けてのコツとツボをお伝えします。IoT 導入において起こりがちな問題の解決法をデータの収集・蓄積・活用の手順に沿ってお答えします。

本書が対象とするのは製造業のカイゼンの陣頭指揮をとる現場管理監督者やIoT 化を推進する立場の生産技術担当者です。本書で読者がIoT 化に対し進むべき方向性や具体的な課題解決の処方箋を参考にしていただき、すぐに着手することで、IoT 化の推進につながることを願います。

■本書の特徴

本書は月刊『工場管理』(日刊工業新聞社)で2018 年より、連載している「IoT お悩み相談室」をもとに、加筆・再構成したものです。

本書には以下のような特徴があります。

① IoT フェーズの「収集」「蓄積」「可視化」「最適化」「自動制御」全般に対し「企画構想段階」「収集蓄積システム構築」「活用解析 AI システム構築」の導入のステップごとに取り上げてIoT 全般に活用できる内容としている。

② IoT 導入をこれから進める製造業、IoT 導入を進めているがうまく導入ができていない方に対し、よく陥る問題と解決策について事例にもとづき具体的に解説している。

③ 解決策が高度な手法であると対応できない場合があるため、大手企業から中小製造業まで幅広く取り扱える「ラズパイ IoT ツール活用」事例を取り上げている。

④ システムの専門家の目線でなく、業務する人の目線で記述し、IT に詳しくない方にもわかりやすい表現を心がけている。

⑤ 具体的な事例を用いて業務内容がわからない人に対してもわかりすく解説している。

2023 年 3 月

山田浩貢

製造業のIoT活用Q&A
IoTのお悩み、解決します!

目　次

装丁・本文デザイン＝さおとめの事務所

第1章

企画構想段階

1.1　経営・組織

1.1.1　IoTがもたらす経営効果（ITやOAとの違い）

Q1：IoTとは何か

ラズベリーパイ（3.1.2項参照）を使って人や設備からデータを収集する仕組みを会社に提案したところ、社長から「それはIoTというより、IT（information technology）やOA（office automation）ではないか」と言われました。どこまでがIoTなのか教えてください。

A1：IoTとは「モノのインターネット」

最近、セミナーで受講者の方と話をすると何人かはこのような質問をしてきます。画像検査システムの導入についても「それはIoTなのか？」と言われ言葉に詰まるといった経験したということも何人かから聞きました。私なりに改めてIoTとは何なのか？　それはどこをさすのかについて世の中に出回っているサービスから個人的な見解を述べさせていただきます。

IoT（internet of things）とは「モノのインターネット」のことです。さまざまな「モノ（物）」がインターネットに接続され情報交換することにより相互に制御する仕組みがIoTであり、「収集」「蓄積」「可視化」「予測」「効率化／最適化」の段階を経ると定義されています。

しかしながら、生産現場に目を向けるとこの内容では漠然としていることに気づきます。あまりにも現場の実態と乖離しているためにイメージが湧かないのはもっともです。国内の生産現場は単体の設備をトコトン使い倒して生産を続けてきました。そのため、何十年もの間、現場環境はほとんど変わっていません。2013年にインダストリー4.0(第四次産業革命)が提唱されたころから情報技術の高度化によりCPU、記憶装置、ネットワークの高速化、大容量化により、生産現場の設備もネットワークにつなげて活用できるようになってきました。これは大きな変化点です。

約20年前はIT革命によりハードベンダー個別の大型汎用コンピューターやオフィスコンピューターが、インテル／Windowsによるオープンなパーソナルコンピューターに置き換わりました。AppleのmacOSやWindowsの出現により瞬く間にPCが普及し、オフィス環境が大きく変わりました。PCが1人1台配備され、ネットワークでつながるようになりました。そのときと同じ勢いで生産現場の設備や人から収集した情報がネットワークでつながり、多数の人の間で情報連携できる環境が整ってきています。

では、そのインフラストラクチャー(インフラ)、環境を何に活かすのか。基本は「生産業務の効率化」になります。「生産業務の効率化」とは「生産性を上げる」ことであり、「品質管理や品質保証体制を強化する」ことです。

設備や人からのデータ収集に活用されるPLC(programmable logic controller)やラズパイなどの超小型PC＋センサー、検査の自動化を実現する画像検査システムは、「生産業務の効率化」を実現するための手段であり道具なのです。

今の経営者は自社のIoT事例を次のビジネス展開に利用したいと考えています。単に、設備や人から収集したデータを「見える化」して生産性を上げ、画像検査システムで検査を自動化する程度では他社のサービスと圧倒的な差別化が難しいため、奇抜なアイデアを望んでいるようにも感じます。

しかし、2012年頃からはハードウェアの活用よりもソフトウェアの活用にサービスの視点が移り変わってきているようです。SNSに代表される新たなビジネスはネットワーク環境を最大限活用してマーケティングを強化し、顧客とダイレクトにつながることで大幅な業務効率化と業務拡大を実現しています。

生産現場には最新技術の適用が著しく遅れていたため、オフィスでいうところのOA環境に近いものが生産現場にも普及してきています。設備メーカーもPLC＋クローズドネットワークに代表される個別環境からPLC/PC(ラダーと高級言語の共存)＋オープンネットワーク(EtherCAT/EtherNET)のオープン化への移行が進んできました。このようなオープンネットワーク化の環境

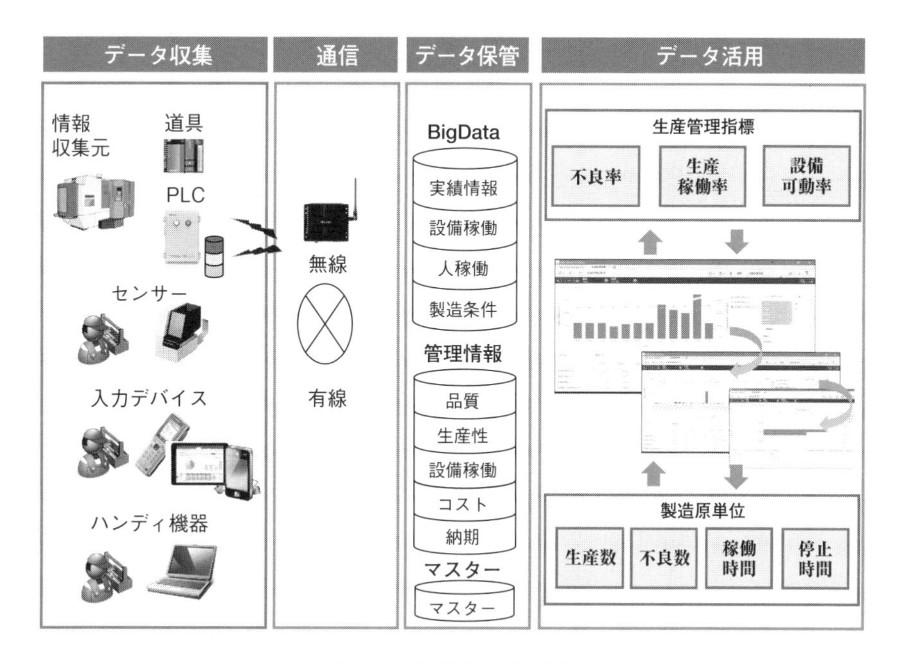

図 1.1　製造 IoT 概念図

はすでに進みつつあります。次は現場から大量のデータが集まり、そこから自社の強みとなるサービスがようやく見出せるようになるのではないかと思います。卵が先か鶏が先かの議論となりますが、まずは自社の生産現場のデータをしっかり分析してから次世代のビジネスを模索するのが賢明であると感じますがいかがでしょうか。

図 1.1 に示すように、製造(ファクトリー)IoT はオープン化された機器、ネットワークのインフラ上で、「収集／制御」「蓄積」を行い、工程→工場→企業レベルで情報を業務に活かすことがあるべき姿となります。

Q2：IoT を導入すると現場から人がいなくなるのか

IoT を導入すると現場から人がいなくなるのではないかと社員が恐れ、抵抗されて困っています。どう説明すればよいのか教えてください。

A2：IoTは人に優しい道具。製造業の売上拡大の特効薬！

経営者の方からこのような質問を受けることがしばしばあります。日本国内だけでなく、台湾の工業技術研究院(ITRI)主催のセミナーでも数百人規模の製造業の経営者から同じ質問を受けました。質問の詳細は次の内容です。台湾では無人化による自動化に製造業が注目しています。その一方で「設備からの情報をIoTで収集し、その情報から設備を自動で制御する時代が来ることにより、工場から人がいなくなることを社員が恐れている。そのため、IoT導入に対し、抵抗が大きい」とのことです。

日本でも昔から経営者がコンサルタントを現場に派遣するとビデオカメラとストップウォッチで動作分析が行われ省人化の名の下、問答無用で人員が減らされていくというようなことが行われたケースがありました。その結果、苦労した経験を持つ現場の作業者にとって、「IoTも現場が鞭打たれる新たな手段」と捉えられ、抵抗感が大きいと聞きます。

これらの話はすべて極端な解釈だと私は説明しています。動作分析も正しく行えば生産性が向上し、省人化につながる素晴らしい手法です。しかし、製造現場では必ずしも生産性が向上してから省人化されるのでなく、逆の順番で実行されたことも少なからずあったようです。それが、抵抗感につながっているのでしょう。

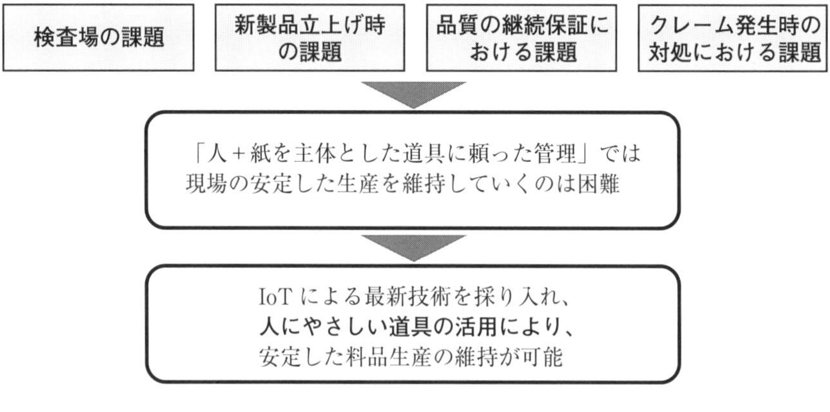

検査場の課題

新製品立上げ時の課題

品質の継続保証における課題

クレーム発生時の対処における課題

↓

「人＋紙を主体とした道具に頼った管理」では
現場の安定した生産を維持していくのは困難

↓

IoTによる最新技術を採り入れ、
人にやさしい道具の活用により、
安定した料品生産の維持が可能

図1.2　IoT活用のメリット

現場では直接作業以外に「段替え作業」「日報への記入」「チョコ停、ドカ停への対応」「不良発生時の対応」といった間接作業に時間を要しています。まず、IoTを導入するとこのムダな作業が軽減され現場担当者は作業に集中できます。

定量的かつ連続して生産性について表示し、記録することができますので、担当者や設備の生産性が客観的に正しく評価できます(**図1.2**)。実際にうまく活用している企業は従業員を1人も減らさず、同じ要員で売上げは1.5倍に拡大しています。一番大事なのは経営者と現場とが誤解なくコミュニケーションをとることです。

Q3：IoTを導入する際の人材育成はどうすればよいのか

IoTを導入、推進できる人材はどう育てればよいのですか。

A3：経営者参加の座学から始め、実践教育がベスト

セミナーを実施しますと中小、中堅製造業においては経営者自ら参加いただく機会が増えてきました。「経営者は社員に研修に行かせることが多い」と以前、研修機関のスタッフからも聞いたことがあるのですが、2代目3代目と代替りの若手経営者が増えるに従って、従来のやり方を見直したいと真剣に考え、自ら研修を受け学ぶ経営者が増えたと感じます。

経営者に共通しているのは意外と「現場の問題を知らない」ということです。そして伝統的な「現場改善の手法を知らない」ことが多いのです。この部分を座学で説明すると経営者たちの理解が早いのに驚きます。よく聞く感想は「在庫は悪でゼロにしなければならないと思っていた」「作る必要のないときは設備を止めて人員配置を最適にするというのは初めて聞いた」といったことなどです。まず、経営者自らが現場についての誤解を正すことが重要です。

次に経営者が自社に戻ってIoT化をいざ進めようと思っても慣れないことなので、進める段階になって1つずつ躓いてしまいます。そのために、最近は各工業団体や省庁の支援機関が導入に関して具体的に支援をしていく方向になってきています。このような制度を活用いただき、まずは専門家についてもらってカイゼンの手本を見てから、自社の中核社員にノウハウを引きついでもらうのがよいと思います。

1.1.2　デジタル化への移行を円滑に行う組織とは

Q4：デジタル化を推進するにはどうすればよいか

デジタル化を推進するプロジェクトを実施していますが、現場部門の変革に対する意識が低くプロジェクトが進みません。どうすればうまく進められるのでしょうか。

A4：事業目標の達成の手段としてデジタル化を推進する意識の浸透と人選が重要

ここ数年の間で従来型のシステム再構築のプロジェクトが大手企業を中心に活発化しています。デジタル化についてはSOE、SORの視点で検討することが重要だと言われています。それぞれの意味は以下のとおりです。

SOE(system of engagement)：顧客視点の全体最適を実現するつながりを意識したシステム

SOR(system of records)：従来から存在する記録のためのITシステム

デジタル化推進の変革期には、次のアプローチが必要です。

《変革期のデジタル化推進アプローチ》

①　現状の業務の問題点を把握して最新の技術を使用して改善していくアプローチ

②　世の中の変化に対して柔軟に自社の事業拡大を図る事業戦略側面のアプローチ

①のように、最新の技術を使用して改善してゆくには現場部門から現場力、人間力の高い人材を集めたプロジェクト推進組織の立案が重要になります。この場合、経営トップによる方針の明確化が重要となります。

①に②の「柔軟に自社の事業拡大を図る事業戦略側面のアプローチ」を組み合わせて組織マネジメントを行うにはどうすればよいかという質問をよく受けます。ここでは私が普段かかわっている企業をモデルに組織力が高い企業のイメージについて整理をしました(**表1.1**)。

表 1.1 デジタル化プロジェクト推進に求められる組織と行動

組織	評価項目		あるべき行動
経営トップ	方針提示		• 方針を明確に、繰り返し自ら伝える。 • ミドルマネジメントにも方針を浸透させている。
	意思決定（投資判断を含む）		• ある程度、現場に裁量を任せているため、意思決定が早い。 • 現場の意見に肯定的 • 合議制のため、工場事業部の合意形成に時間がかかるが決定後は組織的に推進している。 • 丸投げはせず、現場の意見に肯定的
	現場理解		• 経営者、工場長が常に現場に足を運ぶ。
現場	人間力		• 時間に正確 • 挨拶する習慣が浸透している。 • 問題点についてオープンに話をする。 • 問題解決の提案を積極的にしている。 • 他人に責任を押し付けない。 • 特に社外の人に対する接し方が言葉遣いを含め丁寧 • 基本的に社交的 • 若い人が多い。
	現場管理能力	目で見る管理	• しっかり明示できている。
		ストア化	• 置き場がわかりやすく、足りるか足りないかが目で見てわかる。
		工程配置	• スペースを効率的に活用している。
		工程内搬送	• ほとんど自動化されている。
		工程管理	• 目標値が設定され、見える化されており、改善活動を推進できる。
	行動力		• 面倒な作業もルールを守り実施している。 • 安全面の行動を徹底している。
	チームワーク		• 人間力の高い人による組織を横断したプロジェクト編成をしている。 • 人間力の高い人が部門内、部門間に複数人存在しチームを形成している。
	オフィス環境		• 会議室、執務室、休息室などくつろげる雰囲気を意識した働きやすい環境を提示している。
	デジタル化		• IoT、AI などの最新技術活用を推進している。

業績もよくデジタル化の推進が早い企業の経営トップは「現場に足を運び」「意思決定が早い」「丸投げせず現場の意見に耳を傾ける」傾向があります。現地現物を見たうえで、現場に改善提案をさせて現場に任せていることになります。特に誰が聞いてもわかるように方針を明瞭に伝えることと、繰り返し自らやミドルマネジメントからコミュニケーションをして現場に浸透させる行動をしています。朝礼暮改的に毎回言うことがころころ変わると現場が振り回されてしまいますが、こういったところは経営トップも我慢強く熱意をもって行動をしているのでしょう。

次に現場についてですが、**表1.1**でわかるように、人間力の高い現場は圧倒的に変革に対する推進力も高いものです。これまでの製造現場は人間力と紙と鉛筆での管理が中心でしたが、これからはデジタルに手段が変化していきます。

プロジェクト活動を通じて話をしていくと最初は最新技術の手段やそれがもたらす効果について理解がなくても対話や活用を通じて現場が理解するとデジタルの活用が急速に推進していきます。今求められる行動は問題をオープンにすること、解決策を自主的に提案していくことです。この点は人の技術を見て盗む時代とは大きく行動が異なりますので、若手を登用していくと変革に対して適応しやすく、デジタル化推進のスピードアップが図れます。

多くの組織では「部門間の連携」が不十分な傾向があるようです。これは部門のミッションから相手の間違いをチェックして是正する管理部門と業務を実施する部門ではどうしてもコンフリクト(対立)が生じやすいことや、物理的に離れて見えていないということからそうなっていると感じます。これもプロジェクト推進活動を通じて組織を横断したプロジェクト編成をすることにより、対話の機会が増え、相互理解が深まり組織の役割の見直しも含めたあるべき組織マネジメントにつながります。

IT化やIoT化を推進部門には、システムを導入するだけでなく、経営と現場や各部門間をつなぐ役割が求められます。

IT技術に明るい人材はあまり社交的でないケースが多いのですが、今後のIT人材は技術に明るいだけでなくプロジェクトマネジメント力に長けた人材育成や編成が重要になります。

また、今の若い人材は働く環境への配慮に敏感です。安全面に考慮するだけでなく、くつろげる雰囲気を意識したオフィス環境づくりをしている企業も増えてきています。仕事中や休憩中に落ち着いた環境でのびのびと働ける環境を若い人は求めています。昔の工場は人が機械のように働くことが当たり前でしたが、これからは、機械やシステムが繰り返し作業を行い、人は人らしく創造的な仕事や個性を生かした仕事をのびのびと働ける環境が求められているのです。

このような時代の変化も経営トップも含めて理解したうえで、事業のあるべき姿をめざすデジタル活用の推進をしていただきたいと思います。

1.2　導入手順

1.2.1　IoT 導入を成功に導く企画構想立案

(1)　ムダの見える化と排除

まず、3現主義(現地・現物・現実)にもとづいて現状を正しく把握することが必要です。この精度が悪ければ悪いほど、打ち手が外れ効果が出ません。今の経営者は短期間に結果を求める傾向にあり、すぐに打ち手を求めますが、大事なのは「自社のムダがどこにどれだけあるか」をまず「見える化」することです。

自社のムダとは以下の7つのムダです。

①　つくりすぎのムダ

②　在庫のムダ

③　運搬のムダ

④　手待ちのムダ

⑤　不良をつくるムダ

⑥　加工そのもののムダ

⑦　動作のムダ

そして、7つのムダすべてについて一度に取り組むと非効率です。特に動作のムダや不良のムダについては、品質管理手法やトヨタ生産管理の書籍などについての解説書が多く、多くの企業で大分改善が進んでいるようです。しかし、グローバル化の進展に伴い、海外から部品などを調達することが増えました。また、海外に供給することも多くなったため、リードタイムが長くなる傾向にあります。そうなると、つくりすぎのムダ、在庫のムダが多く発生します。

まずは「つくりすぎのムダ」「在庫のムダ」の排除に取り組み、在庫を削減します。つくりすぎのムダ、在庫のムダを残したままにしておくと、各工程内の実力値を極限まで上げても工程間の連携が上手く機能せず、実際は顧客の要求に合わせた物の供給ができないということになります。つくりすぎのムダ、在庫のムダを排除することで初めて後工程から引き取られた物を自工程で与えられた時間の中で生産し安定して供給できるか、前工程から必要な物が適宜供給されてくるかといった改善につなげていくことができます。

これがある程度できると雪化粧がなくなった後の山のように、真のムダが見えてきます。

図1.3に「ムダの見える化の手順」を示します。

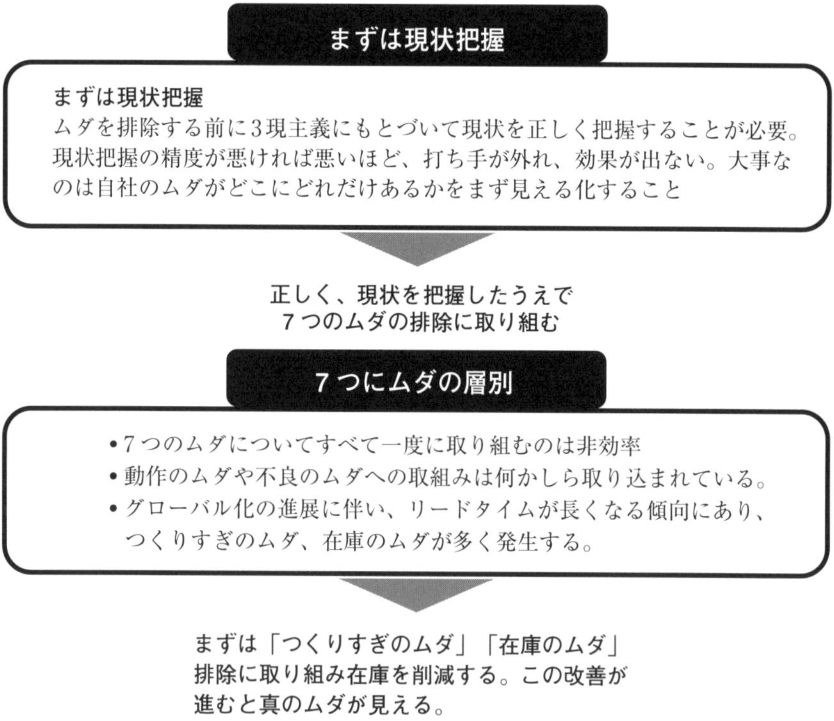

まずは現状把握

まずは現状把握
ムダを排除する前に3現主義にもとづいて現状を正しく把握することが必要。現状把握の精度が悪ければ悪いほど、打ち手が外れ、効果が出ない。大事なのは自社のムダがどこにどれだけあるかをまず見える化すること

正しく、現状を把握したうえで
7つのムダの排除に取り組む

7つにムダの層別

- 7つのムダについてすべて一度に取り組むのは非効率
- 動作のムダや不良のムダへの取組みは何かしら取り込まれている。
- グローバル化の進展に伴い、リードタイムが長くなる傾向にあり、つくりすぎのムダ、在庫のムダが多く発生する。

まずは「つくりすぎのムダ」「在庫のムダ」
排除に取り組み在庫を削減する。この改善が
進むと真のムダが見える。

図1.3　ムダの見える化の手順

次に取り組むのは「運搬、手待ちのムダ」です。最近は長期間に渡り工場を運営した結果、レイアウト変更が何度も発生し自工程で加工した物を隣の工場や外注先に出して加工した後、自工程の隣にある後工程に戻すといった形で運搬経路を長くすることがあります。他にも金型の点数が増えることによって金型の置き場が確保できずに外部の倉庫や工程から離れた空きスペースに保管しておき使用する前にトラックなどで運搬してまた元に戻す。そのような形で輸送費がムダに発生して非効率な運搬になっているのをよく見かけます。

10年以上経過した設備を使用しているケースも多く、設備が老朽化してチョコ停、ドカ停といった形で設備停止が常態化することにより手待ちが多く発生する傾向にあります。設備を新規に投資しないのはリーマンショック、未曽有の震災などにより長期間に渡り景気が安定しなかったことに端を発しています。また、設備自身が高機能・高精度で高価な傾向にあり単純な機能、安価で便利な設備が少ないといったことも投資を抑制する要因であることは否めません。そのため「運搬のムダ」「手待ちのムダ」を排除して生産性や可動率を上げることに取り組みます。

上記のムダの排除の取組みにより、大分安定した生産ができるようになります。ある程度安定した生産ができるようになって初めて不良のムダ、加工そのもののムダに取り組むと現場のレベルアップできるのです(**図1.4**)。ここまでいくと改善するポイントはかなり限定されてきます。最後に動作のムダに取り組み、付加価値向上を追求するということで他社と差別化した現場力が醸成されていきます。

ムダ排除の順番を**図1.4**のようなステップでまとめましたが、あまりにも動作が人によって違いすぎるなど、不良や設備停止が多すぎる場合は、在庫を削減するのと併せてひどい部分に限定して並行して取り組んでも構いません。

いずれにしてもつくりすぎのムダ、在庫のムダは最初に取り除かないと、真の課題は見えません。それだけは承知したうえで取り組んでください。

(2)　現状把握(物と情報の流れを把握する)

最初は現状を正しく把握することが大事です。

現状は3現主義(現地・現物・現実)にもとづいて、物と情報の流れ図にまと

1．在庫を削減する
「つくりすぎのムダ」「在庫のムダ」の排除
つくりすぎのムダ、在庫のムダを排除することで初めて後工程から引き取られた物を自工程で与えられた時間の中で生産し安定して供給できるか、前工程から必要な物が適宜供給されているか、といった事項の改善につなげていくことができる

2. 生産性、可動性を上げる
「運搬のムダ」「手待ちのムダ」の排除
レイアウト変更により運搬経路を長くしたり、金型の点数が増えることにより外部の倉庫や工程から離れた空きスペースから出し入れする非効率な運搬をカイゼンする。

3. 品質向上＋品質強化
「不良のムダ」「加工そのもののムダ」の排除
2. までで安定した生産ができるようになる。それから不良のムダ、加工そのもののムダに取り組むことが現場のレベルアップにつながる。

4. 付加価値向上を追求する
「動作のムダ」の排除
3. までで現場がレベルアップしている中で、さらに細かい動作改善を行い、付加価値向上を追求し他社と差別化する。
※操作のムダ、不良のムダ、設備定理が多すぎる場合はひどい部分に限定して在庫削減と並行して取り組む。

図1.4　7つのムダ排除の手順

めます。

ここでは物と情報の流れ図の具体的な書き方よりも書く際に注意する点について解説していきます。大事なのは前工程、次工程、後工程と「物が滞留する箇所」「工程間の速度の違い」「距離によるリードタイム」を明確にすることです。一般的には仕入先、自社生産拠点、顧客に分けて記述し、自社生産拠点内の各工程間を明確にします。

よくあるのは「組立工程は60秒のタクトタイムで生産しているが、前工程

の溶接工程のサイクルタイムが90秒」というようなケースです。そうなると、後工程の速度に前工程が追い付かないことになります。この場合、サイクルタイムを縮める工夫をする必要があります。

他にも同じ溶接工程から2つの組立ラインに物を供給する流れになっている場合には、「さらに組立ラインよりも短いサイクルタイムで物をつくる」そして「生産順序を調整する」といった形で同期をとるのが困難になります。

このようなことには対応できていないのが普通です。そのため、溶接の後に仕掛品の在庫を持って対応していることが多いのです。また在庫を持つために溶接工程は月次で立てた計画で生産することになります。計画精度が悪い場合は必要な物が足りなくなり、不要な物をつくるといったことになりかねません。結果的に、日中に不要な物を生産して、足りないものを残業でカバーするといった非効率な生産に陥ることになります。

次に各工程のライン、設備、人の物理的な生産資源を明確にします。

組立工程であれば3つのラインがあり、1つのラインでは何人で生産しているかわかるようにします。設備の工程であれば設備の台数を明確にします。人も段取り効率に影響しますので記述します。そうすると自社生産拠点内の工程の制約条件や前後の工程とのひずみが見えてきます。

最近は海外から物を調達して加工し、海外へ輸出することが当たり前になってきました。そのため、仕入先から部品を調達する際に船で運び、自社から顧客に納品する際に外部倉庫経由で運ぶというようなことになります。

自社で生産しているよりも、運搬や保管にかかっている時間のほうが長いのです。したがって、いくら自社の生産を効率化しても部品の調達に船で数週間かかり、製品の輸送に車を乗り継いで何日もかかるようであれば、そこがネックになっていることが考えられるため運搬や保管の現状も明確にする必要があります。**図1.5**に「物と情報の流れ図の例」を示します。

情報の流れを明確にする際には、システムを利用して効率化しているのであれば、「どのシステムを利用しているか」を具体的に記述します。そして手作業で情報を伝達している際には「どの頻度で情報を伝達しているか」を明確にします。よくあるのは月次の生産計画は生産管理部門がシステムを利用して現場に指示するのですが、日々の生産順序は現場が生産計画表とは別に備蓄計画

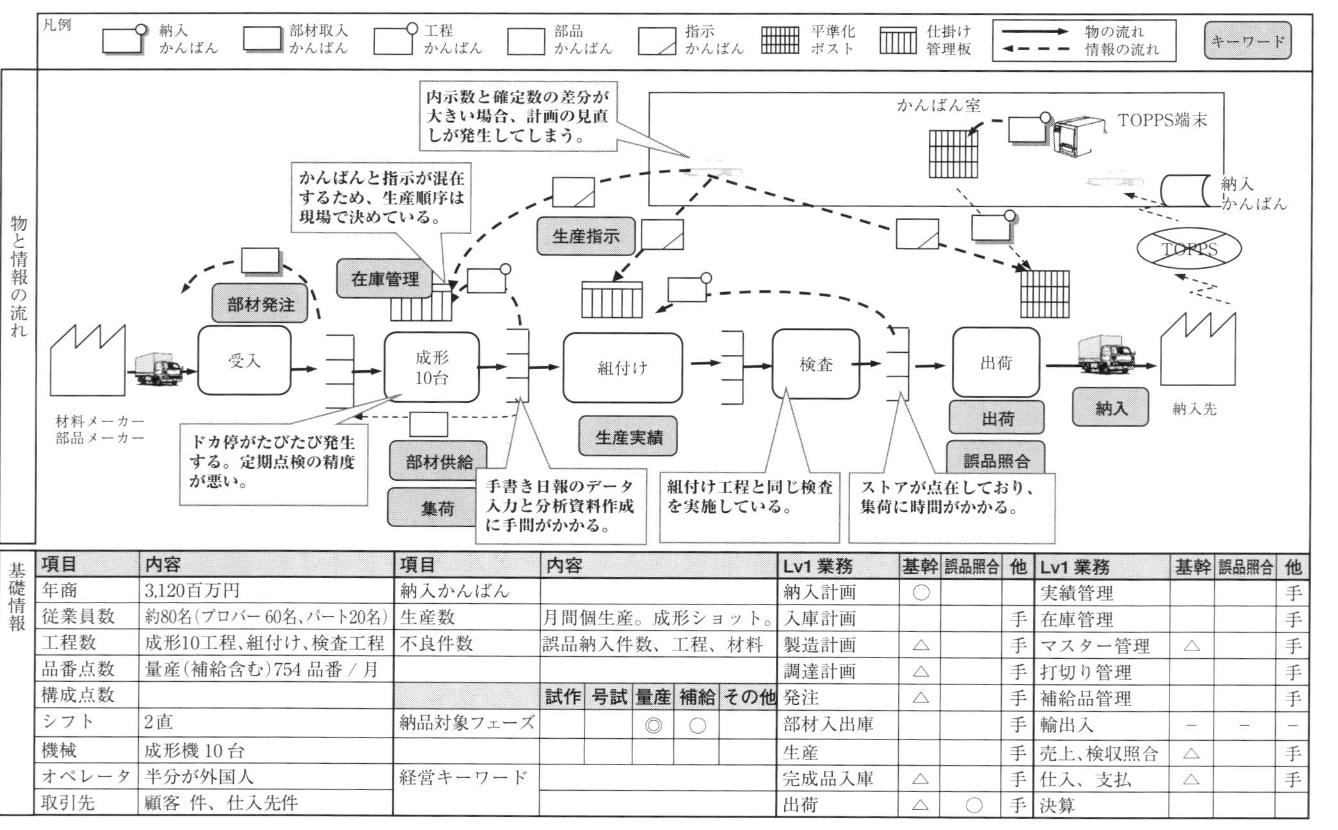

項目	内容
年商	3,120百万円
従業員数	約80名(プロパー60名、パート20名)
工程数	成形10工程、組付け、検査工程
品番点数	量産(補給含む)754品番／月
構成点数	
シフト	2直
機械	成形機10台
オペレータ	半分が外国人
取引先	顧客 件、仕入先件

項目	内容				
納入かんばん					
生産数	月間個生産。成形ショット。				
不良件数	誤品納入件数、工程、材料				
	試作	号試	量産	補給	その他
納品対象フェーズ			◎	○	
経営キーワード					

Lv1 業務	基幹	誤品照合	他	Lv1 業務	基幹	誤品照合	他
納入計画	○			実績管理			手
入庫計画			手	在庫管理			手
製造計画	△		手	マスター管理	△		手
調達計画	△		手	打切り管理			手
発注	△		手	補給品管理			手
部材入出庫			手	輸出入	–	–	–
生産			手	売上、検収照合	△		手
完成品入庫	△		手	仕入、支払	△		手
出荷	△	○	手	決算			

図 1.5　物と情報の流れ図の例

資料を見て、生産しているといったことがあります。ここまで細かいことは現場担当者からヒアリングしただけでは把握できないことが多いため、現場の生産日報や差し立て表を見て、把握することが大事です。

物と情報の流れ図をどこまで定量的に精緻に表現できるかで、後のムダ排除が円滑に進むか変わってきます(**図 1.6**)。ただし、何週間もかけて精緻に書こうとするケースがありますが、まず数日でまとめて確認しながらブラッシュアップしていくほうがよいです。迅速第一ですが、「精緻に定量的に」を心掛けましょう。

(3)　業務分担を見える化する

現代の物づくりでは、いろいろな部署が分担して業務を実施しています。部門間の業務の課題を明確にするために、業務フローで業務を可視化します(**図 1.7**)。

顧客、自社の部門、物流業者、仕入先といった関係部署を記述します。

自社の部門も営業、生産管理、製造、調達、品質管理、生産技術といった業務に関係する部門はすべて記述します。

よくある問題に、営業部門で販売計画を立てた精度が悪く売れ残りや欠品につながり、物流業者が在庫を抱えているにもかかわらず保有数が考慮されていないといったことがあります。部門間の連携による課題を明確にするためにも登場人物は明らかにすることが重要です。

月次、週次、日次のサイクルは上から順にまとめていきます。「毎月何日に実施する」「毎日何時に実施すると」いった業務サイクルも明確にします。

各部門で連携する際に業務プロセスにはインプットとアウトプットが必ずあります。大抵の企業では、システム化が図られていますので、メールやシステムで情報を確認して、システムに入力し、Excel のデータとしてアウトプットして現場に伝達するといった形をとっています。そのインプットの手段(システムか手作業)や媒体(機能や帳票名)を明確にします。

現場管理は物と伝票(情報)が一致しているかどうかが重要になります。

生産後は仕掛品や製品ができ上がるため、物をアウトプットとして明記します。物につけている情報媒体(現品票やかんばん)も明確にします(**図 1.8**)。

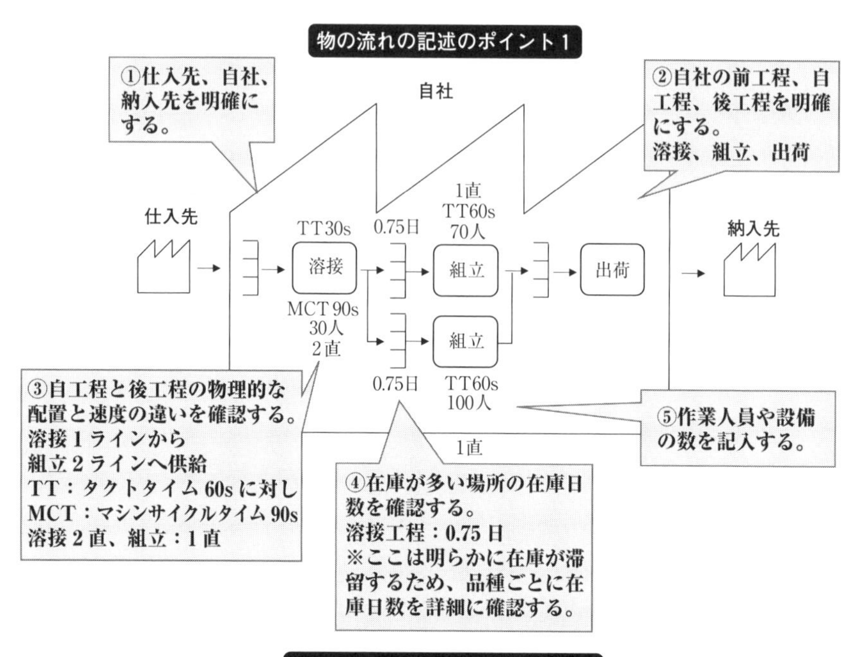

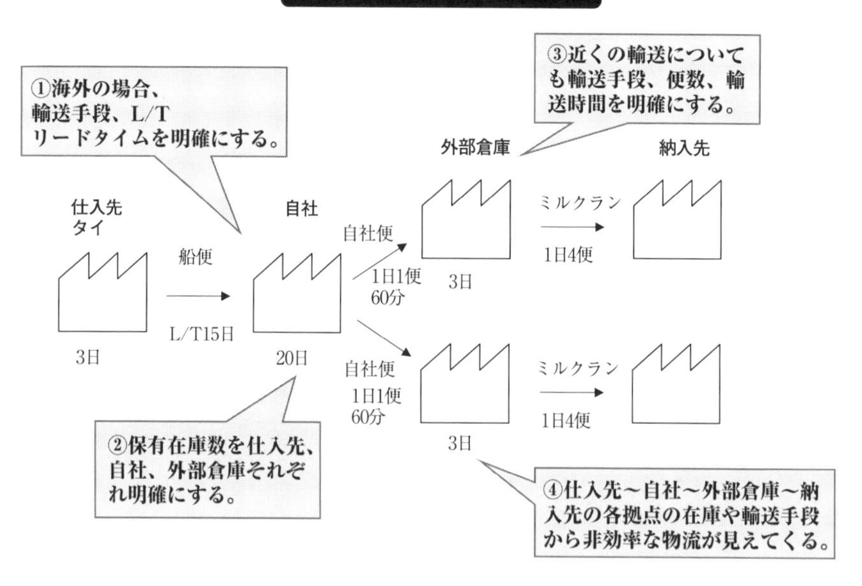

図1.6　物と情報の流れ図を書く際のポイント

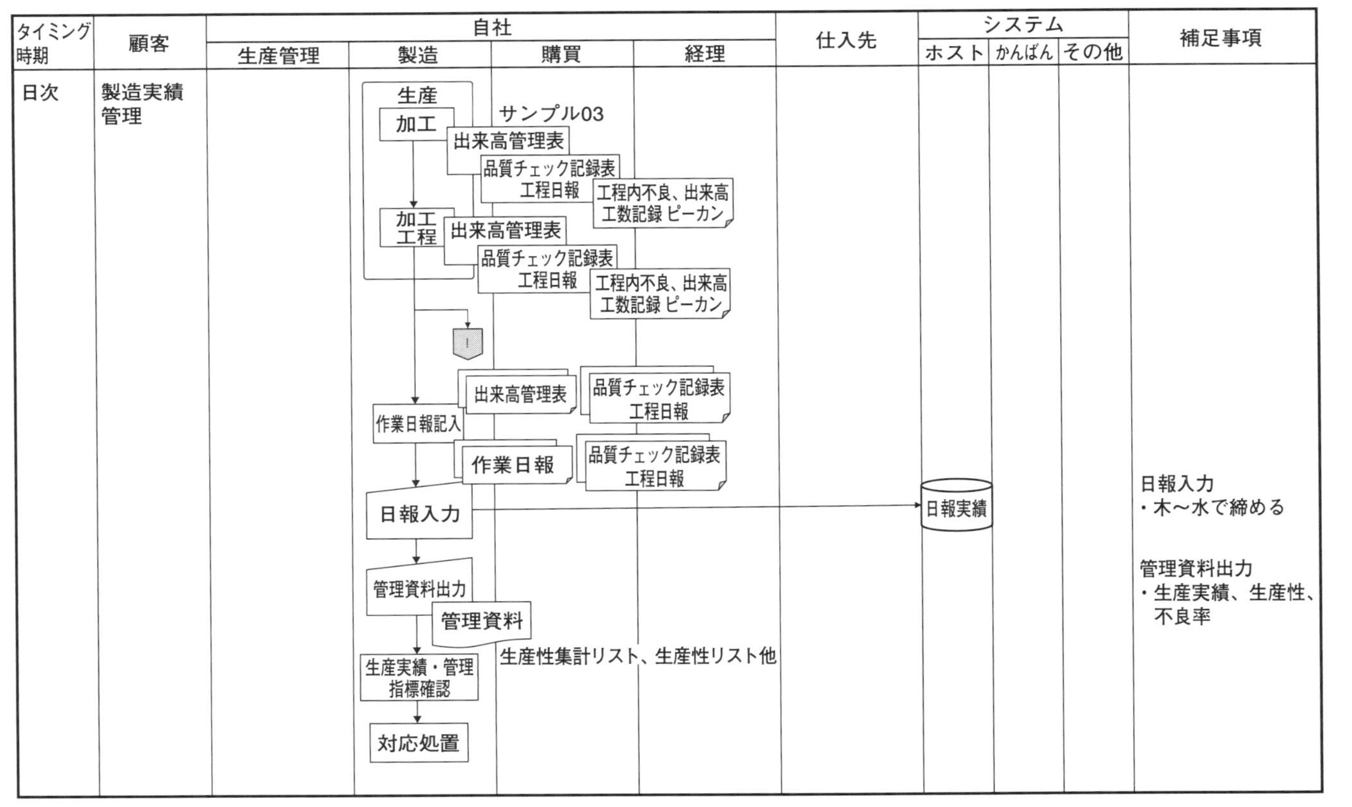
タイミング時期
顧客
自社
生産管理
製造
購買
経理
仕入先
システム
ホスト
かんばん
その他
補足事項
日次
製造実績管理
生産
加工
サンプル03
出来高管理表
品質チェック記録表
工程日報
工程内不良、出来高
工数記録 ピーカン
加工工程
出来高管理表
品質チェック記録表
工程日報
工程内不良、出来高
工数記録 ピーカン
出来高管理表
品質チェック記録表
工程日報
作業日報記入
作業日報
品質チェック記録表
工程日報
日報入力
日報実績
管理資料出力
管理資料
生産性集計リスト、生産性リスト他
生産実績・管理指標確認
対応処置
日報入力
・木～水で締める
管理資料出力
・生産実績、生産性、不良率

図 1.7　業務フローの例

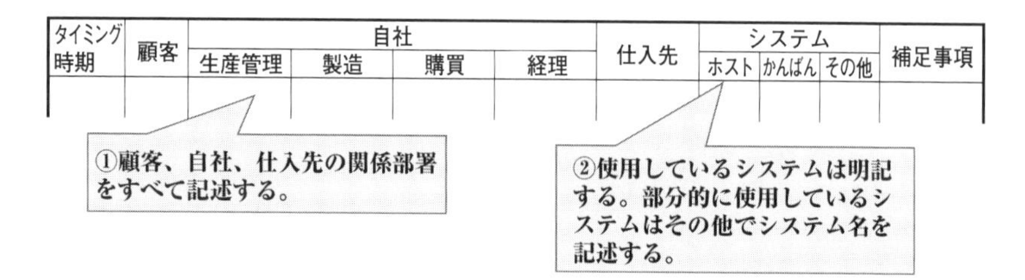

図1.8　業務フロー記入のポイント(その1)

利用しているシステム名やシステムの機能名は業務フローに明記します。

後で、そのシステムの機能やアウトプット帳票を確認することによりシステム上の課題も明確にしていきます(図1.9)。

最近は顧客のシステムや親会社のシステムを利用するケースが多く、そのシステムでできない部分は自社でシステム化して業務を補完しています。そのため、システム間でデータの自動連携ができない、管理している情報が限定的や粒度が粗いといったことが起こります。

例えば、「在庫情報として製品在庫は管理できるが、仕掛在庫が管理できない」「工場別品番別に在庫は把握できるが、棚番別には把握できない」といったことで同じ在庫情報を顧客や親会社のシステムと自社のシステムに二重入力しているケースがよくあります。こういった点は親会社のシステムには週次や月次で反映されるため、現場管理と損益管理が噛み合わないといった課題につながります。こういう部分にも着目して業務フローに明記するとよいのです(図1.10)。

通常業務をまず業務フローにしていくと、イレギュラー業務のケースが担当者から出始めます。イレギュラー業務は通常業務の業務量の約3～4割に該当します。すべてのイレギュラー業務を明確にすると逆にわかりにくくなりますが、業務量の多い順に全体業務量の7～8割の範囲でイレギュラー業務についても業務フローで見える化すると業務カイゼンの効果が大きくなります。なぜならシステムは業務量の多いものに特化しているため、イレギュラー業務は業務量が少なくても莫大な時間を要していることが多いからです。

このように業務フローを明確にしていくと各部署をたくさん回って非効率な運用をしている業務やシステムの制約で余計に業務を増やしているといった課

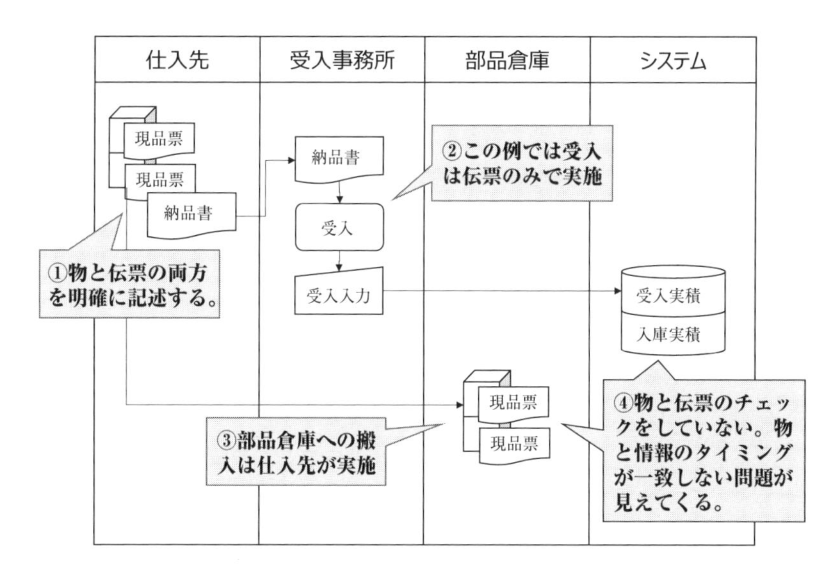

図 1.9 業務フロー記入のポイント（その 2）

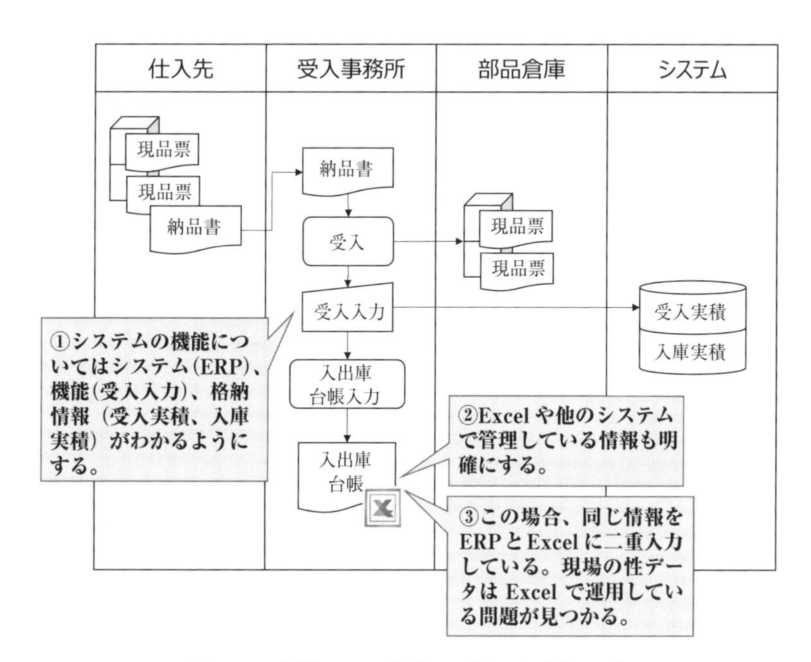

図 1.10 業務フロー記入のポイント（その 3）

題が見えてきます。

1.2.2　企画構想立案時に気をつけるポイント

(1)　課題の構造化(真の課題を明確にする)

前項で、物と情報の流れ図(**図 1.5**)と業務フロー(**図 1.7**)がまとめられました。これらが整い、客観的に課題を明確にしたうえで、関係者を集めて課題検討を実施することになります。

①　課題の層別と優先順位付けする

物と情報の流れ図や業務フローを整備して課題を客観的に明確にしたら、関係者を集めてワイガヤ(職種や年齢、性別などの違いにかかわらず、多人数で気軽に議論をかわすこと)をします。関係者とは工場長、現場監督者、現場担当者のキーマンの関係する部署の人すべてです。

まず、物と情報の流れ図(**図 1.5**)や業務フロー(**図 1.7**)で一連の流れを順番に説明します。

その中で客観的に課題を説明していきます。課題の説明の後、まず工場長のトップが、具体的にどこが悪いのかを指摘していきます。

それに対して現場監督者が理由を説明します。場合よっては担当者のキーマンが補足をします。そうした流れを繰り返していくうちに全体の業務の流れと課題が関係者全員に共有されます。次に他にもこんな課題はないのかといった形で潜在的な課題が出てきます。それも明確にしていき、課題の棚卸をしていきます。

課題が明確になったら課題一覧表にまとめて優先順位付けを行います。

それを担当者ごとになぜなぜ5回(なぜなぜ分析)を行い、真因を明確にします。なぜなぜ5回については5回にこだわるよりも誰が聞いても真因とわかるようにすることが重要です。

こんな例があります。工程間で途中に仕掛品を置く場所を設けており運搬距離が長いから前工程の人が仕掛品置き場まで持って行き、後工程の人がその場所に取りに行く方式で運搬していました。運搬経路が長いことが問題なのですが、なぜ運搬経路が長いのか突き詰めていくと元々別の工程で生産する予定だったが、工程の能力が足りないにもかかわらず生産を移管したため、遠く離れた工程で生産しなければならず、遠くに運搬することになっていたのです。

② 潜在課題の明確化

このように課題と真因が明確になれば優先順位の高い順に課題解決に着手することになります。

以下にワイガヤによる潜在課題の明確化のポイントを示します。

《ワイガヤによる潜在課題の明確化のポイント》

① 物と情報の流れ図や業務フローで客観的な事実を明確にし、かつ定量化すること

② 工場長、現場監督者、現場担当者のキーマンの関係する部署の人すべてを集めて実施すること➡関係者がいることで組織的課題が見えやすい。

③ ファシリテーション(重要なポイントを引き出して、議論を収束させ合意形成をサポート)をする。

- 板書する。板書する際は相手の言葉をそのまま書く。
- 基本的に意見を肯定し、話しやすいムードを作る。
- ある程度意見が出たら、要約して情報共有度を上げる。

④ なぜなぜ分析を行う。

課題解決に取り組む体制としては工場長、現場監督者、現場担当キーマンも含めた体制で取り組む必要があります。今の組織は熟練管理者や熟練工の人が世代交代の時期にあります。この課題解決に取り組みながら管理ノウハウを引き継いでいくことも重要です。また、トップダウンによる目的、目標の明確化とボトムアップの改善結果の共有により、組織全体の改善意識が向上します。

(2) 改善活動の定着化

改善活動を行う際には会議を定例化する必要があります。これは継続してモチベーションを維持し続けることと変化に柔軟に対応するためです。

よくあるのは工場長が最初だけ参加して、途中から現場任せになることです。これは挫折の原因となり得ます。改善している際にスペース不足、要員不

足、客先との契約状況の変更といった組織間にまたがった課題やお金にかかわる課題が多々発生します。こういった点に対して、工場長自ら適宜判断をしなければ改善が進まず停滞していきます。それによりモチベーションが低下して道半ばで挫折してしまうのです。したがって、改善のための会議を定例化してトップを巻き込むことが重要です。

３カ月も改善活動を続けると設計変更、工程変更、品質不良といったいろいろな課題が発生することにより現場に変化が生じます。その都度、変更に対し優先順位付けを見直し、新たな課題を盛り込んで行かなければ活動が形骸化していきます。

改善活動を継続している会社は次のことを意識して行っています。

①　社員、非正規社員分け隔てなく課題や提案を傾聴し工場長に共有する。

②　工場長が自ら課題解決に率先して取り組み改善につなげる。

③　効果が出たことを定期的にトップが全社員にテレビ会議などを通じてアナウンスする。

人はみんな、自分の意見が尊重され組織に貢献していると認められていれば自然に力を発揮します。当たり前のことかもしれませんが、これが実現できている現場は少ないのです。

以下にカイゼン活動定着化のポイントを示します。

《カイゼン活動定着化のポイント》

①　社員、非正規社員分け隔てなく課題や提案を傾聴し、工場長に共有する。

②　工場長自らが課題解決に率先して取り組み、改善につなげる。

③　効果が出たことを定期的にトップが全社員にテレビ会議などを通じてアナウンスする。

④　自分の意見が尊重され組織に貢献していると認められれば、メンバーは自然と力を発揮する。

第２章

収集・蓄積システム構築段階

2.1　データの収集

2.1.1　IoT で収集するデータの種類と収集間隔

Q5：IoT ではどのようなデータを収集すればよいのか

ものづくりにIoTやAIを活用するようにトップから指示を受けています。そのためには、現場のものづくりにかかわるデータ収集が先決だと考えています。ネットや各種サービス提供をしている方々から情報収集をすると波形解析をして予知保全につなげたり、画像解析技術を利用して検査工程を自動化したりといった形でさまざまな事例を聞きますが、どんなデータを収集すればよいか今１つピンと来ません。どういった着眼点で情報収集する項目を絞って行けばよいか教えてください。

A5：品質データを収集せよ！

「どのようなデータを収集すればよいのかわからない」という話はよく聞きます。大手の製造業ですと複数の事業で多品種の物を扱っています。扱う製品や加工する工程により管理をするポイントが異なり、パターン化をするのがなかなか難しい状況にあります。大手の製造企業では品質データの取りまとめをする部門も生産技術が中心になることが多いのですが、生産技術部門は、量産の立上げまでを行い、次々に新たな製品に取り組むため、じっくり個々の製品のものづくりを追究しにくい部署であることが「どんなデータを収集していいのかわからない」という悩みが生まれる一因でしょう。

結論からいうと、製造業の情報収集にあたって必要な項目は「品質にかかわるデータ」です。「品質」といっても検査した合否判定やその検査結果のデータだけではありません。各工程では良品を製造するための製造条件を工程設計上で設定しています。例えば、熱処理工程では「固いものをより固くするため、ある温度条件で一定時間熱処理をすること」と取り決めます。しかしながら、必ずしもその条件で物が製造されているかどうかの記録は取られていないことが多いのです。このような良品製造条件と呼ばれる項目をまず収集することが重要です(**図 2.1**)。

昨今は品質にかかわるデータの改ざんやリコールによる問題が発覚し、日本のものづくりのブランド力が低下しています。「日本人は勤勉で匠の技術があるから品質の高いものづくりができている」といった神話は崩れています。

「自社の製品がさまざまな工程を通っていく段階で良品製造条件を全部クリアしているから高い品質が確保されている」ということを客観的に示す必要があります。逆に良品製造条件をクリアしていない場合は後工程に流さない必要があります。良品製造条件をクリアしていないものを後工程に流すと、たとえそのときは良品が製造できたと思っても後工程で不良につながる危険性があります。これが市場クレームになった場合は良品製造条件自体を見直す必要があります。

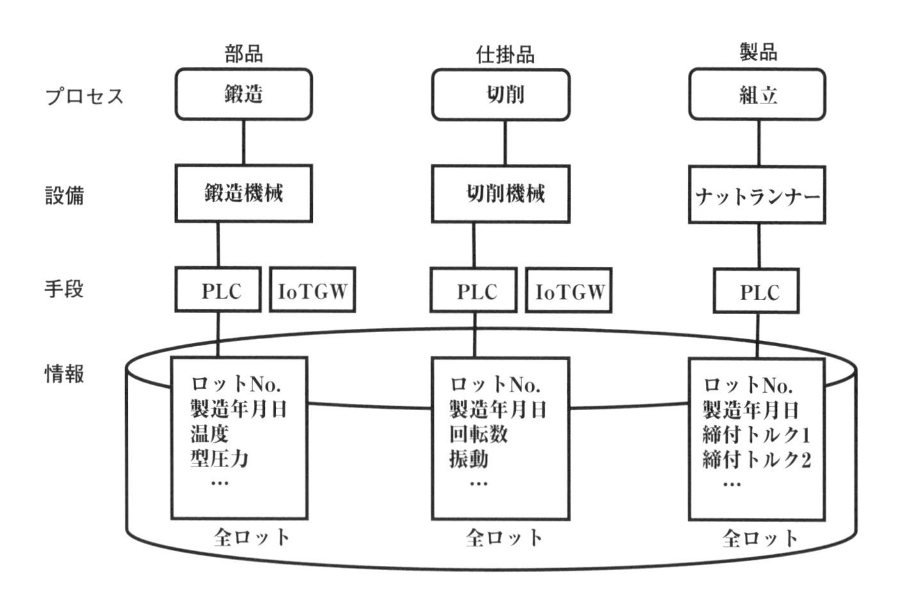

図 2.1　良品製造条件データ収集のイメージ

高い品質のモノを無駄なく作れていれば大きく企業が傾くことはありません。今の日本だからこそIoTを使って品質にかかわる情報を収集することが重要になります。その情報と併せて、予知保全や生産カイゼンに必要な情報を収集すると漏れなく管理ができます。このような着眼点でぜひ取り組んでください。

Q6：データの収集サイクルはどれぐらいが最適か

設備からのデータ収集をしようとしています。各社に聞くと1秒間に10回～100回の収集が必要と言われますが、温度の変化を見るのにそんなに細かくデータをとる必要はないと思いますし、工作機械の機械加工中の動作を見るには細かくデータを取らないといけないと漠然と思います。どれぐらいの間隔でデータを収集するとよいのでしょうか？

A6：目的に合わせた収集サイクルの設定をする

生産技術の方やIT部門の方が情報収集機器のメーカーと話をしますが、「どういった目的でどの項目を採ってどう活用するか」について曖昧に話しているケースが多いと感じます。機器メーカー側はできるだけ細かくデータが取れるようにしておけば困らず高機能なハードウェアが販売できるので自然の流れでそういった傾向になっていきます。

まずは「目的に合わせて収集するデータ項目を洗い出し、データ収集のサイクルを定義する」ことが重要です。これはユーザ側の仕事となります。現場から収集するデータと目的は大きく次の3種類に層別されます。

《現場から収集するデータと目的》

① **トレーサビリティ（traceability）：**各工程で良品・不適合品の製造を証明するためのエビデンス情報をさす。個体やロット単位の製造条件や検査項目の結果データが対象

② **生産管理：**日々生産現場で安定した生産を行う管理に必要な情報をさす。アンドン情報（正常、異常、段替えなど）、生産管理指標算出のための製造原単位項目が対象

③　**予知保全：**定期保全の時期を予報としてのアナウンスや故障発生の予兆を通知する情報をさす。動作時間、使用回数、異常検知項目が対象

上記の《現場から収集するデータと目的》に併せ必要となる項目を洗い出します。

次にそれぞれの項目を収集するサイクル(収集周期)を定義します。データ収集の間隔は目的を満たすために必要なサイクルを定義していかなければなりません。

《データ収集サイクル》

①　**トレーサビリティ：**各工程のサイクルタイムの単位。例）60秒単位など。ただし、波形情報として収集が必要な場合は最低0.1秒単位の情報が求められる。

②　**生産管理：**アンドン情報はリアルタイムとなるが、0.1秒～1秒単位での設定が一般的。生産管理指標算出に必要な製造原単位はサイクルタイムの単位～時間単位

③　**予知保全：**定期保全のための予報情報は数十秒～数分単位。予兆管理としてのデータは最低0.1秒単位で収集が必要(**表2.1**)

目的に応じて情報収集の粒度は大きく異なります。細かい単位でデータ収集をすると膨大なデータ量を保管する必要が出てくるとともに、後からデータをサンプリングといった形で間引いたりするムダが生じます。このような点について気を付けて導入いただきたいと思います。

2.1.2　情報収集機器はPLC、産業用PCのどちらがよいか

Q7：設備から情報収集する際にPLC、産業用PCどちらがよいのか

設備からデータを収集し活用しようと考えています。情報収集するにはPLCやPCがあると聞きましたが、どう違うのかわかりません。PLC、PCの特徴や用途について教えてください。

表 2.1　データ収集のポイント

	収集項目	利用目的	単位	収集間隔
人	CT	生産管理、トレーサビリティ	秒	1サイクル単位
	作業位置	生産管理、トレーサビリティ	座標	1サイクル単位
設備	MT	生産管理、トレーサビリティ	秒	1サイクル単位
	熱処理温度	トレーサビリティ	度	秒 or 分
	熱処理時間	トレーサビリティ、予知保全	秒 or 分	秒 or 分
	停止時間	生産管理、予知保全	秒 or 分	秒 or 分
	稼働時間	生産管理、予知保全	分 or 時	分 or 時
工程	生産ロット	トレーサビリティ	—	1サイクル単位
	MCT	生産管理、トレーサビリティ	秒	1サイクル単位
	生産数	生産管理、トレーサビリティ	個	分 or 時
	不良数	生産管理、トレーサビリティ	個	分 or 時

注）　利用目的に応じて、必要項目を洗い出し、単位／収集間隔を定義する。

A7：同一メーカーであればPLC、複数メーカーの場合はPCを選択

PLCはプログラマブル・ロジック・コントローラ(programmable logic controller)の略称です。リレー回路の代替装置として開発された制御装置で工場などの自動機械の制御に使われるほか、エレベーター、自動ドア、ボイラー、テーマパークの各種アトラクションなど、身近な機械の制御にもPLCは使用されています。設備の制御には必ずといってよいほどPLCが使用されているのです。

国内では三菱電機やオムロン製のPLCが多く利用されています。海外ではシーメンス社の製品が有名です。設備を扱う部署として生産技術部門や製造の保全部門の方はこのPLCをコントロールする言語として、ラダー言語を利用していました。そのため、保全部門の方にとって、PLCは耐久性が高く、慣れ親しんでいる感覚があります。

それに対し、産業用PCは、かつては高価格でしたし、熱や埃に弱く現場に設置する際に防塵ラックで覆うなど、手間がかかりました。ですが、今の産業

用PCは工場環境用に特化した製品が充実しており、価格もPLCと同等や低価格になってきました。産業用PC大手のアドバンテック社の産業用PCはファンレス(可動しないので耐久性が高くなる)、防塵、温度対応(－数十℃～50℃)、コンパクト(タバコサイズ～弁当箱サイズ)です(表2.2)。

PLCはメーカーごとに特化しているものが多いため、「当社は三菱製品やオムロン製品に統一している」といった場合は同じ会社のPLCを使用したほうがPLCの利点である高速リンク機能やプログラムの再利用といったメリットがあります。

もっとも、製造業によっては異なる会社のPLCが混在している場合もありますし、タッチパネルの入力機器と組み合わせて情報収集したいといったニーズもあります。そういった場合は産業用PCを利用するとメーカーに縛られない利点があります。収集の際もSCADA(スキャダ)と呼ばれるデータ収集するソフトを活用できます。

現時点では圧倒的にPLCのシェアのほうが高いですが、将来的にはハードウェアの汎用性が高く、ソフトウェアも開発人口が多い産業用PCの利用例が増えていくのではないかと思います。

表2.2　PLCと産業用PCの比較

	PLC	産業用PC
耐久性	•不安定な電源環境に対応 •可動部なし •制御盤内での利用により防塵防滴、温度に対応 •耐用年数7～12年	•不安定な電源環境に対応 •可動部なし •防塵防滴、温度に対応 •耐用年数5～10年
開発言語	•ラダー言語(技術者は比較的少ない)	•SCADAソフト •Python言語(技術者が多い)
価格	•数万円～数十万円程度 •制御費用は別途	•数万円～数十万円程度 •制御費用は別途
総合評価	•PLCが同一メーカーで統一されており、社内にラダー技術者がいる場合は有利	•複数メーカーのPLCやタッチパネルなどを組み合わせる場合には有利

2.1.3　センシングに関するあれこれ（取付け箇所、対象設備、故障確認方法など）

Q8：古い設備にセンサーを付けてもセンシング効果は出るか

設備から情報収集をして、業務に活かしたいと考えておりますが、設備が古く簡単に情報収集できません。そもそも古い設備に後付けでセンサーを付けてもコストがかかるだけで効果が得られないのではと感じていますが、いかがでしょうか？

A8：目的が「品質保証強化は実施」「設備保全は投資効果の判断が必要」

最近は品質保証体制強化のため、各工程での良品条件の収集が求められています。そのせいか、このような話はよく聞きます。個々に話を聞いていくと大体工場の規模が数百名を境にして判断が分かれるようです。

数百名以上の規模の工場でも古い設備を使用しています。設備も10年どころか20年以上稼働している所も多いため、PLCを使用していてもその製品はもう販売していないといったことがよくあります。しかし、ネットワークカードをつけて収集が可能な機器であればPLCからのデータをネットワーク経由で収集できます。実際、内部製作と外部製作をうまくコントロールして情報収集している例も見かけます。

一方、「設備停止がたびたび起こるので、予知保全を実施したい」といった話があり、設備にセンサーが付いていないため、センサーを別途付けるケースもあります。この場合は「センサーを付けて、どのような情報を見るのか」を決めなければなりません(**表2.3**)。「どこにセンサーを付けるのか」が重要なのです。

設備にかかわることなので、自社では有識者が少ないことが多く、設備メーカーに問い合わせても「最新の設備を購入してください」と言われるので、センサーを販売するメーカーに相談することになります。大体、温度、圧力、流量、電流、電圧といった情報を収集するのですが、精緻なデータを取る箇所については試行錯誤をすることになります。そのため、モデル工程の設備で実証実験を行い、どこにセンサーを設置すれば効果が出るかを確認したうえで、横

表 2.3　主なセンサーの種類

物理量	センサー
温度	熱電対、RTD、サーモグラフィ、サーミスタ、IC センサーなど
力、圧力、振動	歪みゲージ、加速度センサー、ロードセル、AE センサーなど
流量	ヘッドメータ、回転流量計、超音波流量計など

展開する方法をとります。

実証実験をしても効果が出ないケースもあります。実証実験で効果が出ると想定でき、横展開する設備の量が多い場合は問題ありませんが、単一の工程や設備では効果が出ないことが多いので注意が必要です。設備がどれだけ停止しているのか簡単な外付けセンサーで停止回数、停止時間を定量的に収集して新規設備投資の判断に利用するといった方法も取られています。

Q9：センサーを付ける箇所はどうやって決めればよいのか

古い設備に外付けでセンサーを付けて情報収集する場合、どこにどんなセンサーを付ければよいのかわかりません。うまく工夫している例がありましたら教えてください。

A9：外付けセンサーで情報収集する際は五感の代替の観点で行う

数百名以上の工場の例は Q&A8 で説明をしました。ここでは数十名以下の工場ではどんなやり方をしているか説明します。

数十名以下の工場では間接人員がほとんどいないため、この課題に社長や工場長自ら取り組んでいることが多いものです。そうなるとあまり専門的なことはできないため、極力単純な発想で効果を出さざるを得なくなります。

よくある課題の例に「生産性を向上するため、現場の可視化を行う」があります。生産性を向上のために収集する情報は「生産実績」「設備停止」「サイクルタイム」となります。

これらの情報を収集するために「磁気センサー」や「光センサー」を使用します。設備の摺動部に磁気センサーを付けておき、くっついたタイミングで生産実績をカウントし、アンドンの異常を光センサーで見て設備停止を判断します。

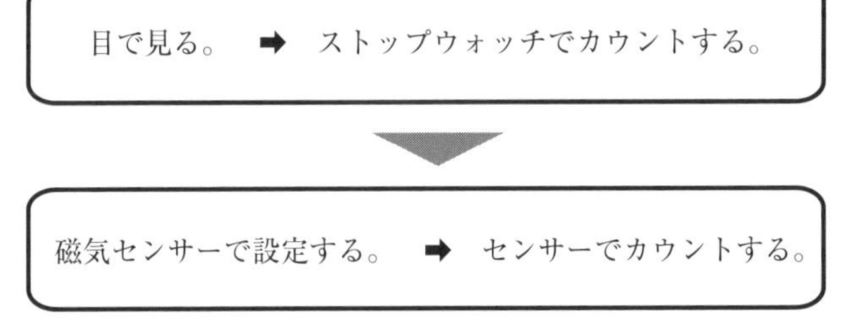

図 2.2　外付けセンサー設置のポイント

また、「磁気センサー」のカウントの間隔でサイクルタイムのばらつきを見る方法もあります。この方法では PLC などの改修に伴う工事やプログラム修正といった専門的な作業は不要です。今まで人間が現場で○を書いて立って現場をじっと見ていて、ストップウォッチでカウントしたり、サイクルタイムを計ったりする作業をセンサーで代替するわけです。

センサーが「目」で見て、「手でカウント」といった五感の代わりとなります(**図 2.2**)。

人は何時間も同じ作業をやっているとミスをしますが、センサーを付ければ何時間でも精度高くデータを収集できます。社長や工場長にとっては優秀な作業分析スタッフができたようなものです。もう少し発展した例となると「現場のモニタに出ている温度や生産実績の情報をカメラで撮影して、文字に変換する」といった工夫した事例もあります。

注意が必要なのは、あくまで人間の代わりに計測しているため、データ通信障害やセンサーの故障があるとデータが取れなくなる点です。生産性向上の目的であれば完璧は求めず、その部分は割り切っても効果が出ればよいという判断で実施するのが成功への近道です。

Q10：センサー故障のチェックはどうすればよいのか

IoT でセンシング(センサーなどを使用してさまざまな情報を計測して数値化すること)する箇所を増やしたいと考えていますが、センサー故障についてどうチェックすればよいか教えてください。

A10：センサーの故障確認と精度確認の両方を行う

IoTでは「SCADAを使用して複数の設備やラインからデータ収集をどうすればよいか」といった質問が多いのですが、具体的にプロジェクトを進めていくと「センサーが取得した信号そのものが正しいかどうかのチェックをどうすればよいか」といった議論になります。ここではセンサーチェックの対応方法について取り上げます。

まずセンシングの問題は次の２つに分けられます。

①　センサーの故障：センサーそのものが故障して機能しない。

②　センサーの精度劣化：センシングはできているが取得する値の精度が悪くなっている。

「①センサーの故障」についてはセンサーから信号が来ない例となります。例えば、搬送工程で物が搬送されているかをチェックするセンサーに対して物が搬送されているのに故障しているので、信号が取得できないといったケースです。この場合は、１日のライン稼働時に信号チェックを行っているケースが多いです。ライン稼働時に物を通してセンサーが正しく機能しているかどうかを確認する方法がよくとられています(図2.3)。

「②センサーの精度劣化」については寸法測定する場合、その測定結果の値が微妙に変化するケースです。この場合センサーは一見正常に機能しているように見えますが精度が悪くなっているので、取得したデータと実際の寸法が異

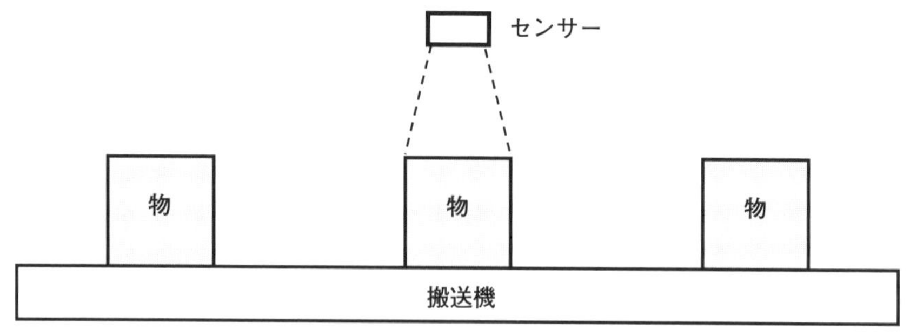

図2.3　センサー故障チェックの例

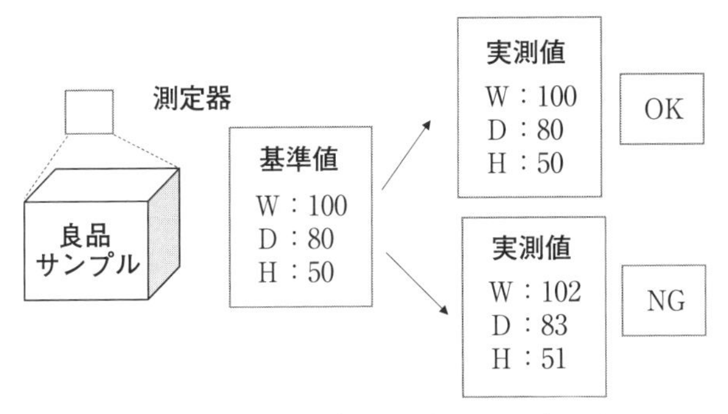

良品サンプルで測定して精度が劣化していないかチェックする。

図 2.4　センサー精度チェックの例

なり、不良であるにもかかわらず正常と判定しまうことになります。

このような問題を解決するには「良品サンプル品による動作チェック」をします。ライン稼働時に良品サンプルと呼ばれる物の寸法測定を行うのです(**図2.4**)。その測定結果と良品サンプルの基準値を比較して誤差がないか確認をします。この対応をしておけばセンサーの精度劣化のチェックになり、安心してセンサーから取得されたデータを扱うことができます。

Q11：自動化のためのセンサーはどこに付ければよいか

IoT で設備点検の自動化や検査の自動化をするうえで、どこにどのセンサーを付けたらよいか教えてください。

A11：まず「なきこと項目」を「数値判定項目」に置き換える

IoT 導入プロジェクトの支援をしている際にプロジェクトマネージャーの方からこのような漠然とした質問を本当によく受けますが、実際に業務分析をして設備点検項目や検査項目を調査すると必ず「○○なきこと」といった項目が出てきます。

「キズなきこと」「ひずみなきこと」といった内容になりますが、これは一般的に官能項目といい、人が見て判断する内容となります。官能項目は限度見本と呼ばれる「ここまではOKでこれ以上だとNG」といった見本を用意して熟練した人の判断で合否判定を行います。

官能項目の判断にセンシングを使用する場合、すべてカメラで撮影して判定することとなります。画像検査も性能はよくなっていますが、画像検査の問題は良品画像と不良品画像をたくさん集めて教え込ませなければなりません。AI 機能はこの学習に時間を要しますし精度の保証が難しいのです。

そもそもこの判定は人間が行う前提での項目定義となっているからです。センシングする際にはこれをまず、「数値判定に置き換える」ことが重要です。

例えば、「キズなきこと」については「凹みが何 μm 以内である」とか「ひずみなきこと」については「幅の交差がコンマ何ミリ以内である」といった形で数値判定できる項目にします(**図 2.5**)。そのうえで、「その数値判定を行うセンシングをするにはどこにどのようなセンサーを付けてどう判定するか」といったセンシングの選定をすることになります。

生産技術部門や機械メーカーの方達はもともと官能項目のセンシングはしていませんので、数値判定をすることは当然のこととして対処しています。最近は AI ベンチャーが台頭してきており、画像検査技術を自動化ラインに持ち込むケースが増えてきましたので、このような検討違いの実証実験がちょくちょく起きてきています。

画像検査で本当に官能評価しかできないケースは限られてくると思います。まずは「なきこと項目」を「数値判定に置き換える」ことを意識してください。

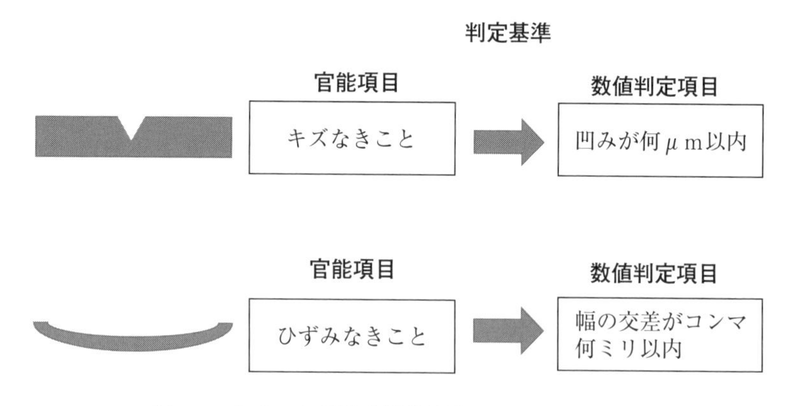

図 2.5　なきこと項目を数値判定項目に置き換える

2.1.4 情報収集するための機器や規格の種類と違いについて (IO-Link、ORiN、OPC、CC-Link、Ethernet、EtherCAT)

Q12：EtherCAT、IO-Linkにより実現できることは何か

EtherCATという言葉をよく耳にするようになりました。従来のフィールドネットワークとの違いや特徴について教えてください。

A12：EtherCATはオープンで拡張性の高いフィールドネットワーク

国内では2013年頃からEtherCATの名前を聞き始めるようになりました。最近は導入事例も増えてきています。

EtherCAT(ethernet for control automation technology：イーサキャット)はフィールドネットワークとして、2003年、ドイツのベッコフオートメーション(beckhoff automation)により開発されたリアルタイムイーサネットフィールドバスです。EtherCAT協会によりオープン化され、維持管理されており、2016年の段階で4000社を超えています。トヨタ自動車が全面採用することもあり有名になりました。

フィールドネットワークは1990年代に標準化されたフィールドバスが代表的でした。初期のフィールドバスは、主にシリアル通信を基盤としたネットワーク構成で、通信速度や接続距離に課題がありました。

2000年初頭、それまで上位レベルで使用されていたEthernet(イーサネット)を通信基盤とする動きが急速に高まり、各機器(ノード)間の配線長と通信速度の制限の引き上げ、機能追加が行われた次世代フィールドネットワークが登場しました。EtherCATはこの中の1つです。

EtherCATは一言でいえば、オープンで拡張性が高いネットワークです。機器についてはEthernetポートの口があれば専用の通信ユニットが不要です。配線も電源供給配線と通信線を1本にまとめることができますので、接続に必要な部品や工数コストを省き、装置の小型化や設置スペースの最小化が可能となります(**図2.6**)。

設備制御における通信の要求事項としては、「センサー情報の読取り」「リレーの接点制御」など「設備を高速かつ安定的に制御することが不可欠」とな

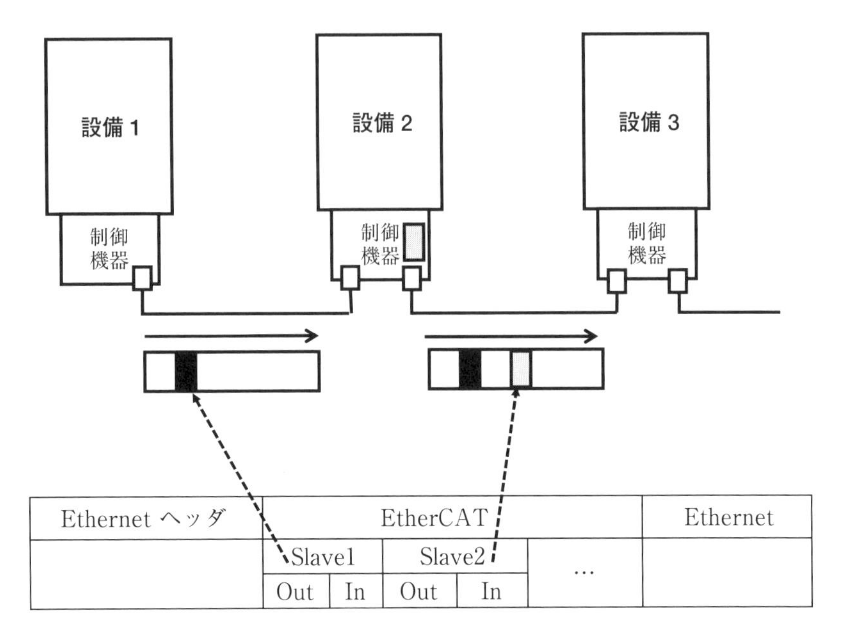

Ethernet ヘッダ	EtherCAT					Ethernet
	Slave1		Slave2		…	
	Out	In	Out	In		

図 2.6　EtherCATの通信イメージ

ります。したがって、「大量の入力／出力点数が扱えること」「高速で確実な伝達ができること」を保証する必要があります。Ethernetはデータ通信のオープンネットワークのスタンダードとして普及していますが、唯一の欠点はTCP/IPプロトコルにおける通信仕様により大量のデータ通信を行うと、コリジョン(衝突)と呼ばれるデータの再送が発生して、通信が遅延することです。Ethernetはスター型の接続方式をとっていることもあり、そのような問題が発生するのです。

EtherCATはリング型の接続方式を推奨しており、高速で安定した通信を可能としています。設備と設備を1つの輪になるように数珠つなぎ(デイジーチェーン)で接続しています。通信はその一連のネットワークに電文を載せて伝送し目的の設備は来た電文を受け取ります。配線が電車の路線でパケットが電車、電文が乗客と例えるとイメージしやすいと思います。通信の経路が決まっており、電文がパケットに乗り降りすることで安定かつ高速な通信を実現しているのです。今後は新設のラインからEtherCATが採用されていき、普及していくと予想されます。

Q13：IO-Linkとは

センサーからの情報収集でIO-Link(アイオーリンク)という言葉を聞きました。IO-Linkの特徴を教えてください。

A13：IO-LinkはIoT活用のための高度な情報接続技術

「IO-Link」は、センサーやアクチュエータとの通信のために2013年に「IEC 61131-9」で標準化されたI/O接続技術です。IO-Linkでは、センサーやアクチュエータにデジタル通信インタフェースを持たせ、制御システムとの間で各種データ交換を双方向で行えます(**図2.7**)。

IO-Linkの特徴は初期のフィールドバスで扱っていたオン/オフ信号、アナログ信号などの制御データだけではなく、センサーやアクチュエータをデジタル信号で上位に接続できることです。メーカーやオーダ番号などのデバイス情報、パラメータ、従来難しいとされていたケーブル断線、デバイスの生存の診断データなどの豊富な情報を同時に交信することができます。アナログ情報はデータ活用するためにはAD変換と呼ばれるアナログ情報をデジタルに変換して通信/保存する必要がありました。デジタル情報で直接末端のセンサーの信号を扱えるようになれば一定の精度で情報を扱うことができます。規格が標準化されていますので異なるメーカー間でも機器の接続ができますので、拡張性が高いです。今後はIO-LinkがIoT時代の接続技術として普及することが想定されています。

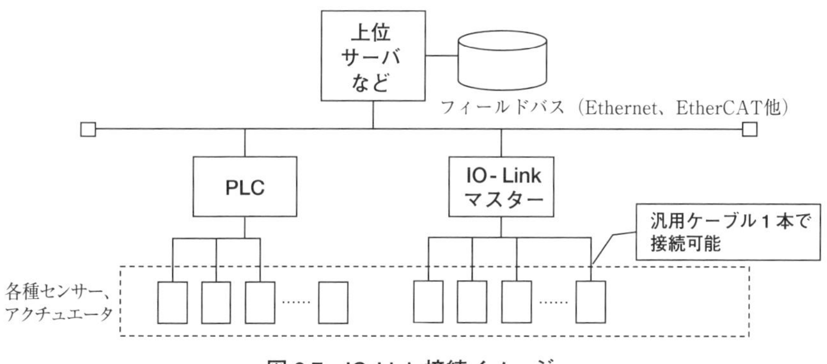

図2.7　IO-Link接続イメージ

Q14：CC-Link、OPC、ORiNとは何か

IoTの話をしているとCC-Link、OPC、ORiNといった言葉を聞くようになりました。これらの意味や特徴について教えてください。

A14：国内はCC-Linkの利用例が多い、世界的にはOPCが主流。今後はORiNに注目

CC-Linkは、オープンアーキテクチャのネットワークとして1996年、三菱電機によって開発されました。2000年にはオープンなネットワークとしてリリースされ、個別の自動化機器のメーカーが製品をCC-Link互換として参入できるようになっています。

国内のPLCは三菱電機がトップシェアを占めています。そのため、三菱電機のPLCから情報収集する際はCC-Linkを使用することがスタンダードとなっています。CC-Linkは1Gbpsの高速通信ができること、同じメーカーのPLC間の通信において簡単な設定でPLC間の同期をとれることが利点です。

OPC(object linking and embedding for process control)とは、マルチベンダー製品間や異なるOS(operating system)にまたがってデータ交換を可能にする安全で高信頼の産業通信用のデータ交換標準のことです。

OPCは「産業用の相互接続性」を実現することを目標に掲げ、「活用」「接続」「伝達」「安全性」の4つを柱としています。

OPC UAはOPC Classicをベースにして2006年に誕生しました。2015年にOPC UAがドイツの進める「インダストリー4.0(第4次産業革命)」のReference Architecture Model Industrie 4.0(RAMI4.0)で、通信層の標準として取り上げられたため、注目されています。

OPCはPLCトップシェアのシーメンス社が推進していることもありますが、設備などの機器との接続をするインタフェースを標準化しています。異なる設備メーカーやPLCなどと接続する際にOPCに準拠している物が多いため、接続しやすいといった特徴があります。

ORiN(オライン)とは、工場内の各種装置に対し統一的なアクセス手段と表現方法を提供する通信インタフェースです。以前はロボットの利用アプリケー

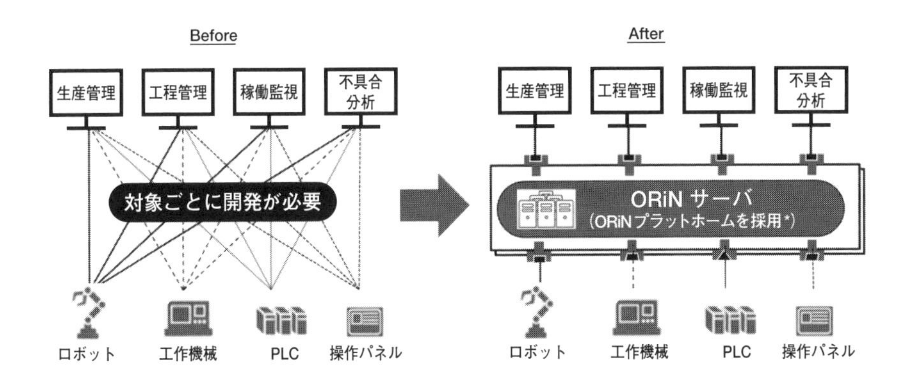

図 2.8　ORiN(オライン)の例

ションは特定メーカーの特定機種でしか利用できませんでした。しかし、日本ロボット工業会がORiNを推進し、ORiNを利用することにより、メーカー、機種を超えて広く適用可能になりました(**図 2.8**)。

これにより、サードパーティによる多様なアプリケーションソフト開発、マルチベンダーシステム構築の活発化が期待されます。自社の設備の構成やグローバル展開も含めてどれを採用するか検討するとよいでしょう。

2.1.5　画像データ収集のポイント

Q15：画像データの収集はどうするか

各工程でワークの画像を撮影しています。今は各工程に分散しているので後から見たい場合に人手で画像を集めており非効率です。何かよい方法がありましたら教えてください。

A15：各工程の画像を集約する画像サーバを構築し 1 箇所に集約する

最近は先進ラインを各社で構築する事例が増えてきています。その際にPLCやセンサーから文字や数値のデータだけでなく、各工程を流れる個々のワークの画像を撮影して活用したいとのニーズが増えています。

しかし、通常の文字や数字のデータ量は約数百バイト(数百文字)ですが、画像情報となると数百キロバイト～数メガバイトになります。約1,000～10,000

倍と扱うデータ量が飛躍的に増えますので画像をサーバで共有するには注意が必要です。

画像を共有する際の手順は次のとおりです。

《画像を共有する際の手順》

① 各工程で撮影する画像の種類と容量を算出する。
② 共有サーバに格納するフォルダ体系とファイル命名規約を整理する。
③ 共有サーバ上に格納するのに必要な画像の容量見積を行う。
④ 各工程のカメラ～共有サーバまでのネットワークの経路の設計を行う。
⑤ 画像撮影～画像サーバまでの通信の仕組みを構築する。

以下それぞれについて解説します。

(1)　各工程で撮影する画像の種類と容量を算出する

まず各工程で撮影する画像の種類と1ファイルごとのファイル容量を算出します。その際に注意したいのは画像の種類です。JPEG < PNG < BMP の順で同じ画像でも容量が変わります。

JPEG形式はBMPに比べ約20%程度に圧縮できますが、元の画像に戻せませんので画像が粗くなります。人が後で見て判断する利用方法であれば問題ありませんが、画像解析には適していません。

BMPは容量が大きくなります。

PNGはBMPに比べると圧縮して容量を少なくできますし、元の画像に戻すことができます。これらのことを考慮して各工程で保存する画像の種類を決めていきます。

(2)　共有サーバに格納するフォルダ体系とファイル命名規約を整理する

「(1) 各工程で撮影する画像の種類と容量を算出する」の各工程で撮影する画像の種類とファイル容量が算出できたところで、その画像をサーバで共有する際のフォルダ体系とファイル命名規約を整理する必要があります。

どの製造ラインも入口から出口まで数個～数十個の工程を経ています。そうすると画像で撮影する工程を担当する機器メーカーも異なるため、メーカー任せにすると画像を格納するフォルダ体系やファイル名がばらばらになります。

そのため工程を設定する当初から画像を収集するフォルダ体系やファイル名を統一しておく必要があります。また画像情報は基本フォルダ階層に格納していく形式が一般的です。そのため、次の内容で層別しておくと利用しやすいです。

例）　フォルダ階層例：「工程番号」－「品目分類」－「品番」－「ロット番号」－「個体番号」

ファイル命名規約例：「個体番号」＋「ファイル種類」＋「作成日時」

画像ファイルは後から「工程番号」「品目分類」「品番」「ロット番号」「個体番号」をキーに画像サーバを検索して画面に表示して確認し、画像解析をして活用します。その際にたくさんある画像ファイルから必要な画像のみを取り出しやすいフォルダ階層やファイル名にしておかないと後で画像取得に時間がかかって実用に耐えなくなりますのでご注意ください。

(3)　共有サーバ上に格納するのに必要な画像の容量見積を行う。

ここでは各工程で撮影した画像をサーバ上に格納するために必要な画像の容量見積を行います。「(1) 各工程で撮影する画像の種類と容量を算出する」「(2) 共有サーバに格納するフォルダ体系とファイル命名規約を整理する」で撮影したファイルをサーバ上にどう格納するか決めましたので、そのファイル単位で保持する期間を決めてファイル容量見積を行います（**図 2.9**）。

画像を保存する際は品質保証上で保管が義務づけられている場合はその期間分保存が必要になりますので、ご注意ください。最近はバックアップの手段としてよく使うデータや直近のデータはディスクに管理しておき、それ以外の物はテープドライブに書き出して保存するような方法もあります。

しかしながらテープドライブに保存するには何時間から何十時間書き込みに時間がかかりますので処理時間を事前に見積もったうえで運用しないとまる1日古いデータをテープに書き込み続けるといったことになりますのでご注意ください。

No.	区分	業務データ	件数(月)	対象期間(月)	全データ件数	レコード長(Byte)	添付ファイル容量(Byte)	ファイル形式
1	画像情報	○○画像	360,000	6	2,160,000	5,000,000	10,800,000,000,000	JPEG
2		○○画像	360,000	6	2,160,000	5,000,000	6,804,000,000,000	BMP
3		○○画像	360,000	6	2,160,000	10,000,000	13,608,000,000,000	BMP
4		○○画像	360,000	6	2,160,000	20,000,000	27,216,000,000,000	BMP
5		○○画像	360,000	120	43,200,000	400,000	17,280,000,000,000	PNG
		画像サーバ				**合計**	**75,708,000,000,000**	

図 2.9　ファイル容量見積例

(4)　各工程のカメラ〜共有サーバまでのネットワークの経路の設計を行う

画像の場合は前項、Q&A15でも述べたように、1ファイル当りの容量が数百キロバイト〜数メガバイトになり約1,000 〜 10,000倍と扱うデータ量が飛躍的に増加します。そのため、画像を撮影し、ネットワークで送付し、サーバにデータを格納する経路を見た際に明らかにネットワークで通信する部分の転送経路がボトルネックになります。

画像の送付には、Ethernetを通信に使用するのが一般的です。その場合は、通信元からこれから送付するデータの先頭パケットを送り、通信先が受け取った返答があるとそれ以降のデータを受信し続けるといった双方向の通信を行います(**図 2.10**)。

しかし、同じネットワークの中で複数のカメラの画像や設備から収集したテキストデータを送付しているとネットワークが渋滞を起こします。そうなるとネットワーク機器やサーバの処理が極端に低下します。この状態になるといつまでたってもデータが送られて来ず、タイムアウトエラーになってしまいます。

これを防ぐために次の点に注意します。

①　画像は極力カメラから1つの線で送付する。

②　ネットワーク機器とサーバの間は高速な線を使用する。

「①画像は極力カメラから1つの線で送付する」に従ってカメラから撮影した画像は1本の線で送付をします。経路が特定されますので、複数のデータを

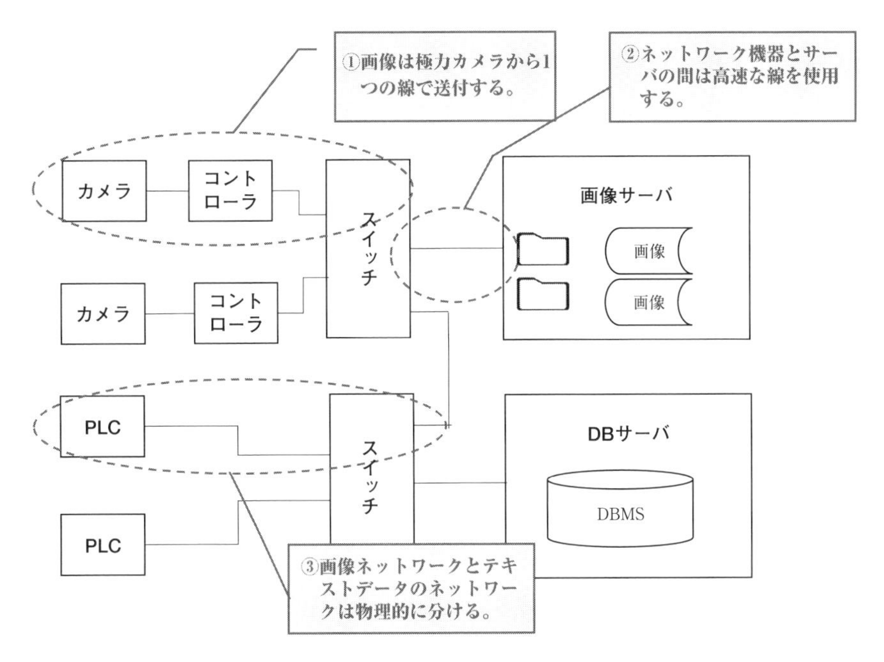

図 2.10　画像ネットワーク経路設計のポイント

送付することによる遅延を防止できます。そのために画像データの経路はテキストデータを PLC や外部センサーから収集するネットワークとも物理的に分けるとよいのです。

「②ネットワーク機器とサーバの間は高速な線を使用する」については複数のカメラから撮影した画像をスイッチなどのネットワーク機器に接続してサーバに接続をします。

サーバにはスイッチ経由で複数のカメラの画像が流れてきますので、スイッチ～サーバ間のネットワークは複数のカメラ画像が同時に流れても処理できるように設計しておく必要があります。例えば、カメラとスイッチ間のネットワークが 1GBps でカメラを 10 台スイッチに接続していた場合は、スイッチとサーバ間のネットワークは 10Gbps の容量にしておきます。

このようにボトルネックを解消するネットワーク設計をしないまま、闇雲に同じスイッチや同じ線に複数の機器からのデータを混在して流すと「データがいつまでたってもサーバに格納されない」「通信エラーが多発する」といった問題が発生して最悪の場合、ネットワークを再構築する事態に陥りますのでご注意が必要です。

(5)　画像撮影～画像サーバまでの通信の仕組みを構築する

ボトルネックを解消する通信経路が確保できたら、画像を撮影してからサーバに格納するまでの仕組みを構築することになります。「(2)共有サーバに格納するフォルダ体系とファイル命名規約を整理する」で共有サーバに格納するフォルダ体系とファイル命名規約を整理していますので、カメラで撮影した際に直接、サーバの共有フォルダに画像が転送し保存できれば問題ありません。

この場合、多くの場合次の制約により、一旦一時保存をしてそこから画像をサーバの共有フォルダに格納する必要があります。共有フォルダに格納する場合以下のような問題が起こることがあります。

- メーカー標準の画像撮影ソフトウェアが決まったファイル名しか付与できない。
- すでに画像撮影の仕組みが入っており、体系化されたファイル付与ができない。

この場合は一時領域にある画像が保存されたタイミングで、ファイルを検索しサーバの共有フォルダにコピーする必要があります。その場合に次の注意が必要です。

①　サイクルタイムの間隔で定期的にコピー処理を実施する。

②　ファイルの書き込みと読み込みが重なった場合の排他制御が必要。

③　コピーした後に一時領域のファイルとフォルダの削除処理が必要。

「①サイクルタイムの間隔で定期的にコピー処理を実施する」については画像ファイルの容量が大きいので、あまり溜めてからコピーをするとネットワークでボトルネックを解消していても一時的に負担がかかります。画像はサイクルタイムのタイミングで一時領域に格納されますので、そのサイクルで画像サーバへ保存する処理を定期的に行うのが効果的です。

「②ファイルの書き込みと読み込みが重なった場合の排他制御が必要」につ

いてはカメラから画像を保存している最中に、ファイルを読み込んでサーバに格納するとファイルが正しく保存されません。相手が書いている際は読み込まないことを一般的に排他制御と呼びます。この対策を講じておく必要があります。

「③コピーした後に一時領域のファイルとフォルダの削除処理が必要」については一時領域に格納したファイルは不要となりますので、定期的に削除します。削除はコピーした直後に消すのがよいです。しかしながら画像はファイル数が多いのでサブフォルダを作成して格納していることが多いものです。その空となったフォルダも定期的に削除する必要があります。

画像を体系的に整理しておくと画像解析による AI 化のステップに移行しやすくなりますので、ぜひ実践いただきたいと思います。

2.1.6　PLC からの情報のセンシングと通信のポイント

Q16：IoT 技術者によるラダー言語の習得方法は

設備から情報を収集したいと考えております。情報を収集するにはラダー言語を理解しなければなりませんが、どのように習得すると効果的なのか教えてください。

A16：制御の基礎知識とサンプルコーディングを用いた習得が効果的！

次世代の現場づくりのため、IoT、AI の活用が必須となっています。そのために設備、ロボット、自動搬送機器などからさまざまな情報を収集する必要があります。情報は設備を制御している PLC に格納されています。

生産技術、設備保全、機械メーカーの制御技術者も徐々に高齢化していく中、IoT を促進するためには PLC からの情報収集が必要です。IT 技術者などの機械制御未経験の人でも PLC からの情報収集ができるようにラダー言語を習得すれば、情報収集が容易になり、IoT 促進につながるのではないでしょうか。

生産技術を理解しようとするとかなりの時間と経験が必要となりますので IoT の「収集」「蓄積」「活用」における一連の作業を担うための次の必要な部分に絞って習得することが重要です。

① 電気の基礎知識の習得

② PLC からの情報収集の設計手法の理解

③ 利用シーンによるサンプルコーディングを用いたラダー言語の習得

ラダー図は PLC（シーケンサー：三菱電機が提供する PLC）に使用される言語で、リレー回路のように記述します。基本は LD：ロード、LDI：ロードインバース、OUT：アウト、AND：アンド、OR：オアの命令を覚えておけば基本的な回路の記述が可能です（**図 2.11**）。

他に「入力制御」「出力制御」「自己保持回路」「タイマー回路」「カウンター回路」といった命令を組み合わせると一連の動作をする簡単な制御システムを構築することが可能です。

それぞれの命令や動作原理をただ覚えても組み合わせ方が理解できないため、ポカよけツールなどのサンプルコーディングを見ながら実際に PLC にラダー図を作成して動作確認をしていくと理解が早くなります。一連の制御のラダー図を学んだあとで、設備からの情報収集のサンプルコーディングを見て情報収集におけるラダー図を作成していきます。

D1030のアドレスはアンドン情報の「自動運転」信号を設定しています。「自動運転」信号がすでに M0 に設定されていれば、MOVP 命令を使用してその値を D1030 に格納します（**図 2.12**）。

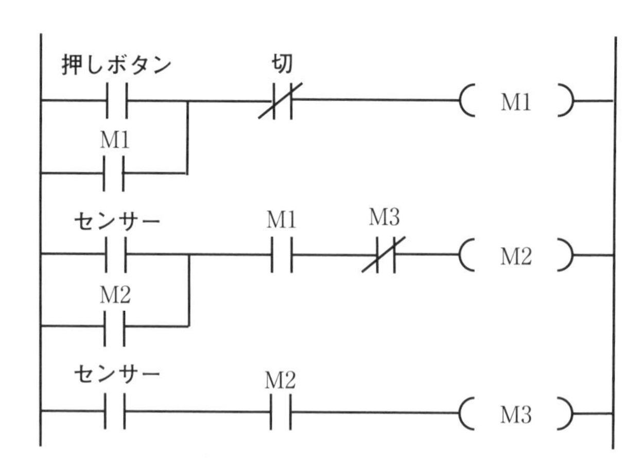

図 2.11　ラダー図の記述例

図 2.13 の例は、D エリアのデータレジスタに「自動」「溶接時間」「溶接温度」の情報を格納するラダー図です。

具体的に学びたい方は拙著『工場 IoT 技術者のための PLC 攻略ガイド よくわかるラダー言語の基本と勘所』(日刊工業新聞社、2019 年)をご参照ください。

データ部	No.	記号	アドレス	データ項目名	入力サンプル	単位	データ形式	桁数	小数桁	目的			更新間隔(sec)
										生管	品質	保全	
設備データ	31	D	1030	自動	On:1、off:0		bit			○			1
				…			bit						1
	41	D	1040	溶接時間	999.9	秒	BIN	4	1		○		90
	42	D	1041	溶接温度	999.9	℃	BIN	4	1		○		90

図 2.12　設備データ収集の PLC アドレス定義

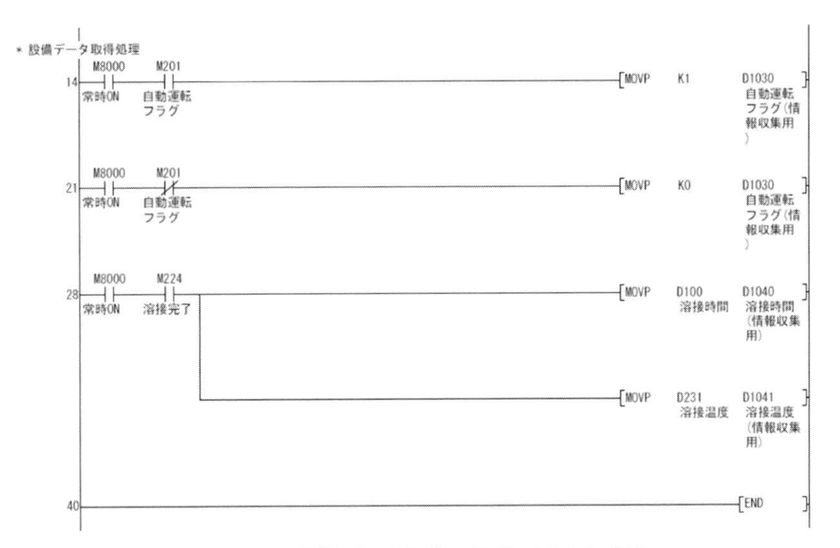

図 2.13　設備データ収集のラダー図の作成例

Q17：PLC のデータを PC に取り込むには

既存の設備からデータ収集を行いたいと考えております。PLC に格納されているデータを PC に取り込むにはどうすればよいか、具体的に教えてください。

A17：LAN ケーブルを経由して、ソケット通信を行う

自社で IoT を始める際に、「まず既存の設備からデータを収集して日報の記述を減らすところから始めたい」という話をよく聞きします。PLC を操作するラダー言語については自社で記述がわかる人がいるが、その格納されたデータを PC に取得したいがやり方がわからない、または、いろいろとやってみているが、うまく通信できないといった話も聞きます。

まず PLC に LAN ケーブルの接続ユニットがある場合は LAN ケーブルを使って、PC と接続をします。PLC のアドレスにデータが格納されている場合、そのアドレスのデータをソケット通信の方式を使用して、Python 言語で記述したプログラムで csv 形式のデータに出力します（**図 2.14**）。ソケット通信とは、ソケット（socket：通信の出入り口のようなもの）を利用したサーバとクライアントの二者間通信のことです。ソケット通信ではインターネットにおいて広く標準的に利用されている通信プロトコル TCP/IP（transmission control

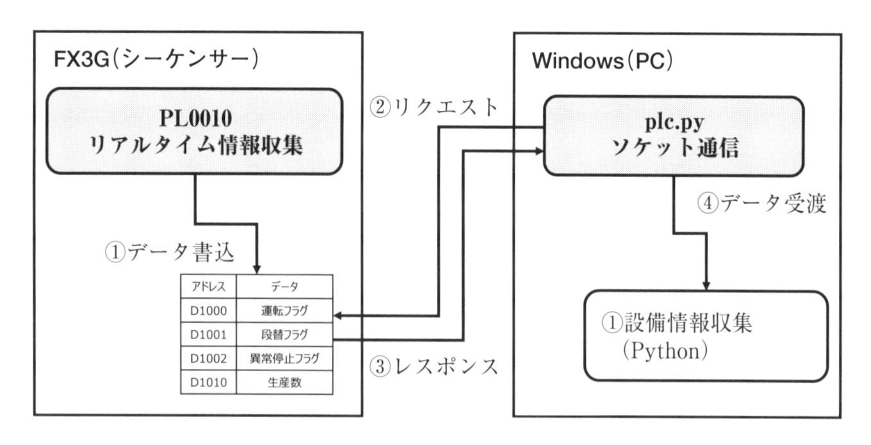

図 2.14　PLC と PC の通信方式

protocol/internet protocol）を利用します。

ここでは三菱電機のPLCでD1000～D1010のデータレジスタに格納された運転信号と生産数の情報を通信する例を記述しています。

ソケット通信のプログラム記述例（**図2.15**）をみますと、まずPC側からPLC側にデータ読み出しのリクエストを送信しています。それをPLC側が受け取ると次にPLCのアドレスのデータがPC側に返ってきます。

データ読み出しのリクエストについてはリクエストデータの記述例を参照してください（**図2.16**）。

まず「サブヘッダ」「PC番号」を固定で記述します。「監視タイマー」でPLCの処理待ち時間を設定します。ここでは2.5秒の設定例になっています。0.25秒～10秒が推奨されています。「先頭デバイス番号」「デバイスコード」「デバイス点数」「終了コード」でデータを取得したい、アドレスの先頭アドレスとアドレスの点数を記述します。ここではD1000からD1010の11点のアドレスのデータを要求しています。

データ受信の記述例を参照してください（**図2.17**）。データの欄にリクエストしたデータが入って受信できます。ここでは11点のデータをリクエストしていますので、11個のデータが返ってきます。

このようなサンプルプログラムを見て真似れば誰でもPLCのデータを取得できます。

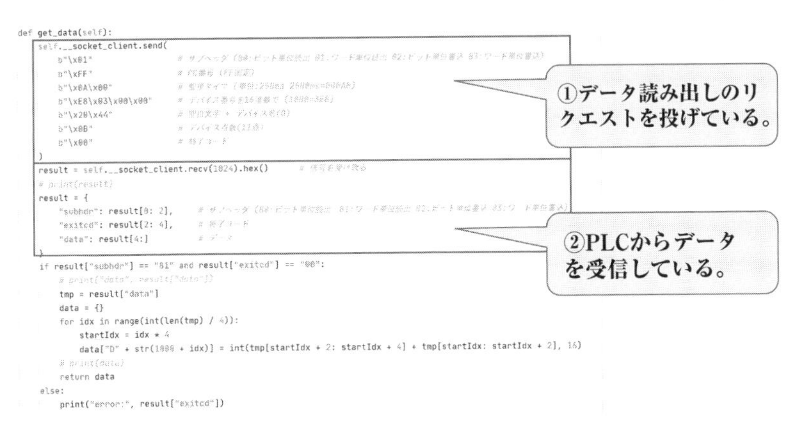

図2.15　ソケット通信のプログラム記述例

※MCプロトコルによる交信

D1000～D1010のデータを読み出す場合のリクエストデータ

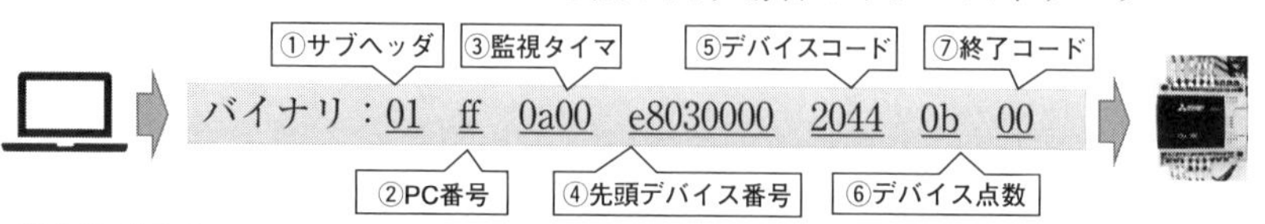

各部位の名称	意味	上記での設定例	補足
①サブヘッダ	PLCへのコマンド	01：ワード単位読出	ビット単位読出= 00　ワード単位読出= 01 ビット単位書込= 02　ワード単位書込= 03
②PC番号	対象シーケンサ	ff：固定	
③監視タイマ	最大待機時間 （単位：250ms）	0a003 ″10″　※1	2.5s待機する場合、 2500ms / 250ms + 10カウント分なので、 10（10進数） + 000a（16進数）をセット。
④先頭デバイス番号	コマンドを実行する先頭アドレス	e80300003 ″1000″　※1	アドレス1000番から先を見る場合、 1000（10進数） = 000003e8（16進数）をセット。
⑤デバイスコード	コマンドを実行するデバイス種類	2044：″D″	データレジスタの場合、 “D” = Ascii 44 + Ascii 20をセット。
⑥デバイス点数	コマンドを実行するデバイス数	0b：″11″	アドレス10008 1010の11個が対象なので、 11（10進数） = 0b（16進数）をセット。
⑦終了コード	リクエスト内容が正常か異常か	00：正常コード	

図 2.16　ソケット通信のリクエストデータ記述例

※MCプロトコルによる交信

D1000～D1010のデータを読み出す場合のレスポンスデータ

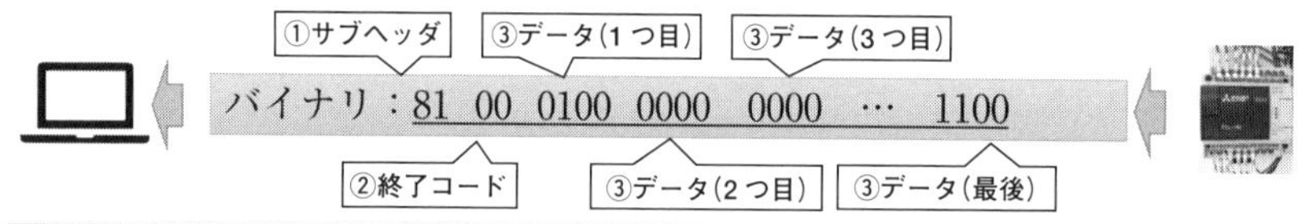

各部位の名称	意味	上記での設定例	補足
①サブヘッダ	PLCへのコマンド	81：ワード単位読出	ビット単位読出= 80　ワード単位読出= 81 ビット単位書込= 82　ワード単位書込= 83
②終了コード	レスポンス内容が正常か異常か	00：正常コード	00以外は異常コード
③データ	読出コマンドの結果（ つ目）	0100：″1″　※1	今回は、D1000の値。 0001（16進数） = 1（10進数）。
	読出コマンドの結果（2つ目）	0000：″0″　※1	今回は、D1001の値。 0000（16進数） = 0（10進数）。
	読出コマンドの結果（3つ目）	0000：″0″　※1	今回は、D1002の値。 0000（16進数） = 0（10進数）。
	…	…	…
	読出コマンドの結果（最後）	1100：″17″　※1	今回は、D1011の値。 0011（16進数） = 17（10進数）。

図 2.17　ソケット通信の受信データの記述例

2.1.7　メーカー固有の設備環境からのデータ収集の進め方のポイント

Q18：オープンでない機器やパッケージシステムからデータを取得するには

DX(digital transformation：デジタルトランスフォーメーション)プロジェクトとしてまずは設備で取得しているデータを共有化したいと考えています。メーカーと話すと新しいシステムに移行する方法を提案され高額で困っています。お手軽な方法でデータを共有するにはどうすればよいか教えてください。

A18：データ連携の目的と必要項目、収集間隔について自社からメーカーに要求事項を明確にして提案依頼をする

今はDXにより企業の業務を変革する活動が大手企業から中小企業にまで広がりつつあります。「IoT技術やクラウド技術を活用してビッグデータを収集し、共有することで業務効率化を図ろうとしている」という話をよく聞きます。

大手の製造業でよくあるケースとして次のようなものがあります。

高度な設備があり、データは高速かつ、たくさんの項目をセンシングして設備の制御に利用できているのですが、そのデータは設備メーカー主体のコントロールシステム内で管理されており、他のシステムに利用できていないというものです。中小製造業においても設備メーカーの制御機器内に閉じています。

そのため、まずその設備メーカーにデータ活用の話をすると決まって出てくるのが、「設備のセンシングの項目をリアルタイムで見ることができて異常が通知され、AIで故障の予兆を検知する機能がついている分析システム」の導入です。この提案を受けると一声数千万円や数億円の投資額が提示されます。将来的にはこのようなことまで求めていますが、多くの製造業で実施したいのが、製造現場の生産状況を全社で共有することです。そのために数msec(1秒間に1,000件のデータ)のデータは必要ありませんし、AIも不要です。設備メーカーのシステムであればその設備メーカーの機器に強いが他社の機器との連携はできるといっても設備メーカーに縛られるため、自社での推進にはなりません。

ではうまく進めるにはどうすればよいのでしょうか。このようなメーカー主導の提案はやめて「自社で設備メーカーに対して収集する項目や要求間隔、実

現したいことを要求事項として明確にして投資規模も含めて設備メーカーに提案依頼をする」のがよいのです。

設備メーカーに提案依頼をする手順と気をつけるべきポイントについて、以下にまとめます。

《設備メーカーへの提案依頼までの手順》

①　システム化の目的の整理

まず、データ収集とデータ共有を行い、データ蓄積を行う。

次のステップで蓄積されたデータをもとにAIによる実証実験を進めて自動化を図る。

②　収集項目と収集間隔の整理

収集項目の中で必要な項目を洗い出し収集項目一覧にまとめる。10000項目を取集していても本当に必要な項目は数100項目程度である。

収集する間隔は人間が確認判断に必要な間隔で十分であるため、数分や数10分間隔でよいことを伝える。

③　①②を実現するために投資コストを抑えた方法をとるにはどういう方法があるか、メーカー側に提案を依頼する。

①、②、③の順番で意図を伝えて依頼することにより、高額で高機能な提案は不要ということを設備メーカーに明文化して伝えることになるため、自社に最適な連携方式を提案されやすくなります。

自社のシステムで扱っているデータ形式はクローズにしていても、テキストデータで出力できるツールは必ず低コストで実現できる機能として提供していますので、まずそこから検討するのが現実的な解です。

図2.18に「プレス機での生産信号出力間隔の依頼事項例」を示します。

中小製造業でも高速な設備から生産数を取得するために設備からのショット信号を出力する依頼をしたところ、信号を出力する時間が短いとデータがうまくとれないケースがありました。こちらについても実現したいことを資料にまとめてメーカーに提示すると設備側でどの設定を変えたらよいか説明することでラズパイを(3.1.2項参照)使った低コストでの対応が可能になります。

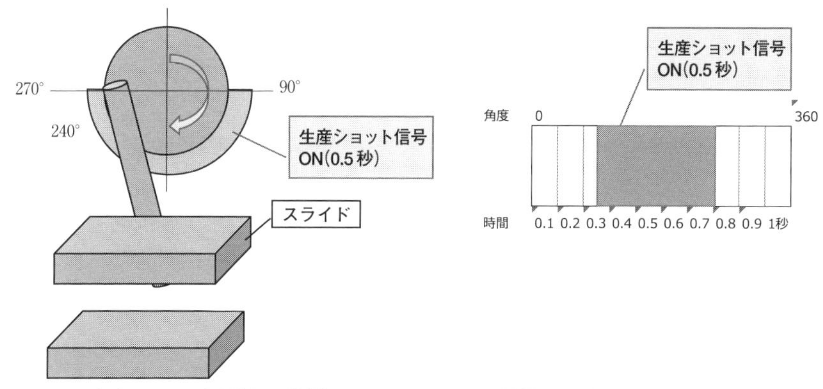

図 2.18　プレス機での生産信号出力間隔の依頼事項例

ラズパイを利用する際に設備信号を直接とるのでなく照度センサーや磁気センサーを両面テープや結束バンドで固定する方法もよく提案されていますが、1 秒間隔でのデータを取得する場合はこの方法ではうまくいきませんので、設備信号を正しく取得する方法は身に着けておく必要があります。DX による業務の変革を実現するためにはこのような地道な努力の積み重ねが重要なのです。

Q19：手作りセンサーによるデータ収集はどうすればよいか

研究室で気体を使用していますが、バルブの開閉チェックが大変です。お手軽に IoT 活用をしたいのですがよい方法はありませんか？

A19：IoT による情報収集の仕組みを手作りする

低価格のセンサーと 3D プリンターで作成した治具で最適なセンシング機器を作成し、IoT による情報収集の仕組みを手作りする。

よく IoT でセンシングをするとセンシングする箇所が多いと 1 つ当りのセンサー機器が高額であればセンシングするだけで大きなコストがかかるため断念するといった話を聞きます。

ここでは研究室の事例により低コストな最適なセンシング例について具体的に解説していきます。

(1)　システムの全体像

まずボンベ室に気体のボンベが設置されています。そのボンベから各研究セクションの設備に配管を通じてそれぞれの気体が供給されます。研究セクションは10カ所にそれぞれ10本の配管があります(全体約100カ所)。また、各セクションやボンベ室が離れていますので、それぞれの開閉の確認を今までは人の目でチェックしていましたので時間がかかっていました。そこで、センサーを使用して次のシステムを構築しました(図2.19)。

①　ボンベ室の気体の圧力値を測定

各気体に圧力センサーを設置し測定した圧力値を定期的に収集する。

②　各研究セクションに供給する気体の開閉をセンサーで検知

各セクションの配管に設置されているバルブにセンサーを設置して開閉状況を検知してラズパイ経由で情報を収集

③　①②の状況を離れた事務所でモニタリング

ネットワークを経由して離れた事務所で、画面を見てモニタリングする。

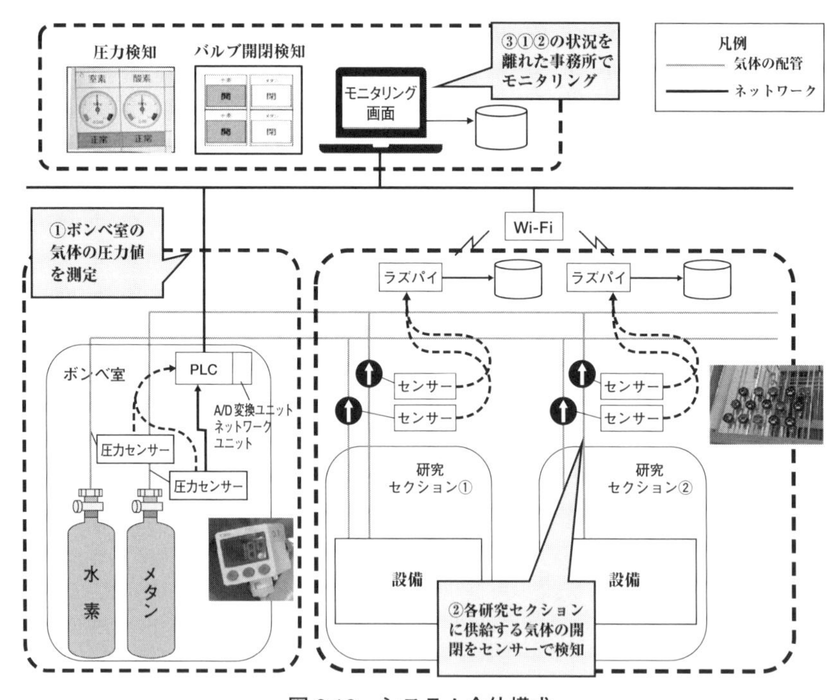

図2.19　システム全体構成

ここでは②のたくさんある気体のバルブの開閉検知と③のモニタリングについて説明します。

(2)　各セクションのバルブの開閉検知

配管に既設のバルブに対して外側からセンサーと磁石を治具で固定してバルブの回転状態を見て開閉を検知するにしました(**図 2.20**)。センサーからの信号はラズパイで一旦収集し、モニタリング用の PC 側に通信されます。治具については市販品ではぴったりするものがありませんでしたので、オープンソースの CAD で図面を作成し、3D プリンターで制作しました(**図 2.21**)。そうすることでぴったり当てはまる治具でバルブに固定することを実現しました。

(3)　モニタリング

バルブ室の圧力測定値と各研究セクションのバルブの開閉検知の情報を事務所のモニタリング PC で収集し、画面で見られるようにしました(**図 2.22**)。これによりリアルタイムで研究所内の気体のモニタリングが可能になりました。

(4)　IoT による情報収集システム構築のまとめ

事例ではネットワークも既設のネットワークと Wi-Fi を使用していますので、各セクションのセンサーからの情報はラズパイを設置することで手間もか

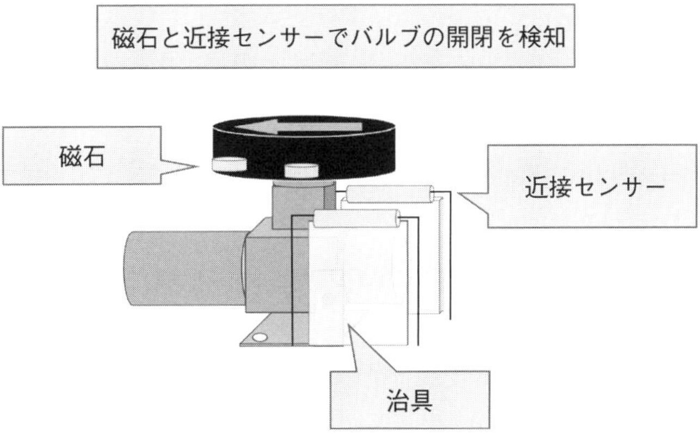

図 2.20　バルブの開閉検知方法

図 2.21　バルブ設置例

圧力検知

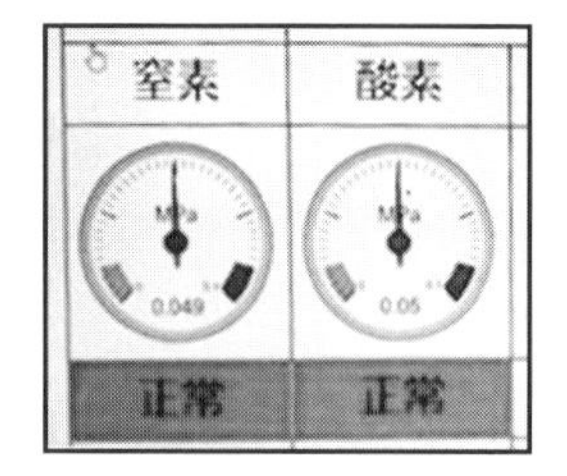

バルブ開閉検知

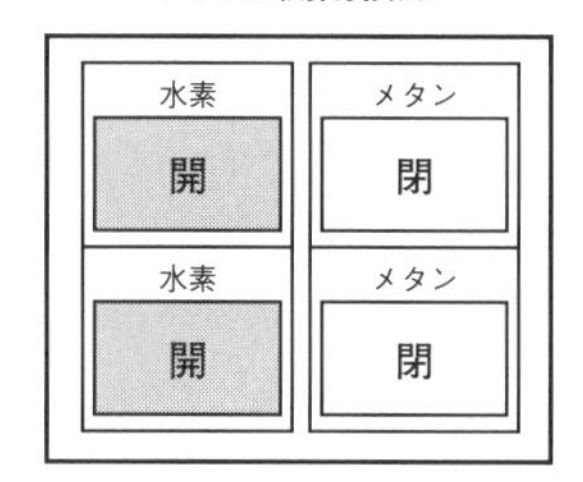

図 2.22　モニタリング画面サンプル

からずコストを抑えることができました。

　また、バルブのセンシングについては一般的には電磁弁を使用しますが、工事の費用と時間がかかるのと安全面でのリスクもあります。外付けでセンシングする方法で安全面や工事の負担を減らしました。特に治具についてはオープンソースのCADと3Dプリンターを使用すれば小ロットの専用品を手軽に低コストで制作することができます。

Q20：アナログセンサーからのデータ収集はどうするか

　圧力センサーを取り付けてデータを収集したいのですが、電流のアナログ値からデータを変換する必要があります。データ変換の方法について具体的に教えてください。

A20：センサーと A/D 変換機の仕様書を見て、データ変換の計算を行う

IoT においては、センサーを取り付けることが多いのです。

最近の PC-Link 機器対応機種であればセンサーからの数値をそのままデータとして格納されるので問題ありませんが、機器の費用がそれなりにかかります。

一方、通常のセンサーですと、画面には数値がそのまま表示されますが、データを収集しようとすると電流値から A/D(アナログ、デジタル)変換機をつかって数値に変換しなければなりません。しかし A/D 変換機から出力される値は画面で表示されるセンサーの数値とは異なります。そのため、画面で表示されるセンサー値と同じ値をデータとして収集するには次の手順で計算を行う必要があります。

《センサー値と同じ値をデータとして収集する手順》

① センサーのセンサー値と出力電流値の仕様を確認する。

② A/D 変換機の入力電流値とデジタル値の仕様を確認する。

③ 上記①と②からセンサー値とデジタル値の計算式を作成する。

④ ③の計算式を使用して A/D 変換機のデジタル値を表示されるセンサー値に変換し収集する。

上記の手順を圧力センサーで収集した例で説明していきます。

まず、圧力センサーを A/D 変換機に接続し、A/D 変換機から PLC をつなぎます(**図 2.23**)。

(1) センサーのセンサー値と出力電流値の仕様を確認

センサーのセンサー値と出力電流値の仕様を確認します。圧力センサーには圧力値が表示されます。圧力センサーの仕様書を見ると出力電流値に 4mA ～ 20mA と書いてあります。これはセンサーの数値を 4mA ～ 20mA の電流値で出力するという意味となります。センサーからの電流の出力仕様については次のようなグラフで表示されています(**図 2.24**)。

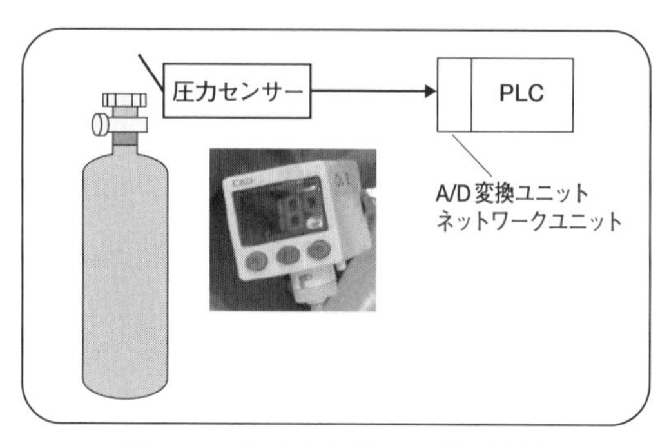

図 2.23　圧力センサーの設置方法

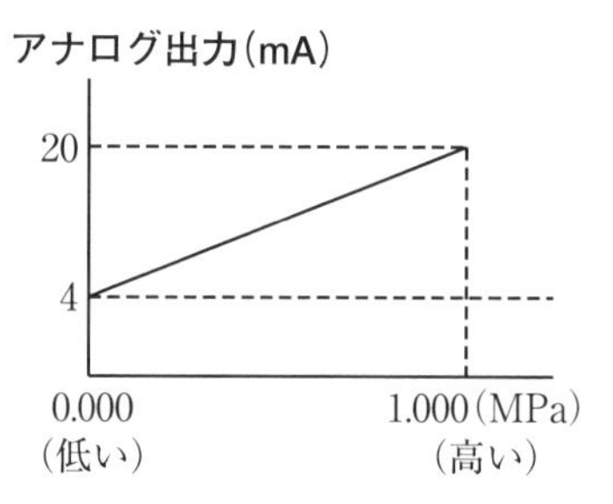

図 2.24　圧力値と電流値の関係

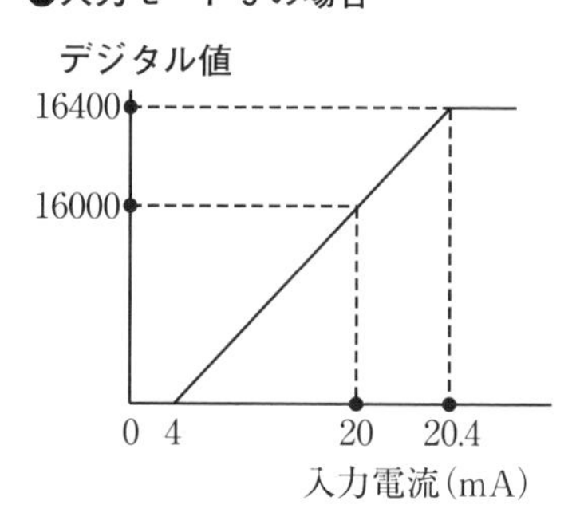

図 2.25　電流値とデジタル値

a を圧力値、b を電流値とすると次の式になります。

$b = 16a + 4$

a = 1(Mpa：メガパスカル)の場合、b = 20mA

(2)　A/D 変換機の入力電流値とデジタル値の仕様を確認

次に、A/D 変換機の入力電流値とデジタル値の仕様を確認します。A/D 変換機の仕様を見ると入力電流値をデジタル値に変換する仕様が書かれています(**図 2.25**)。

b を電流値、c をデジタル値とすると次の式になります。

$c = 1000 \times b - 4000$

b = 20(mA)のとき c = 16000

(3)　センサー値とデジタル値の計算式を作成

「(1)センサーのセンサー値と出力電流値の仕様を確認」と「(2) A/D変換機の入力電流値とデジタル値の仕様を確認」からセンサー値とデジタル値の計算式を作成します。

aを圧力値、bを電流値、cをデジタル値とすると

上記1のb = 16 a + 4を

上記2のc = 1000 × b − 4000にあてはめると

c = 1000(16 a + 4) − 4000

c = 16000 a

a = c ／ 16000となります。

cがA/D変換から出力されるデジタル値になりますのでこの値から式でaの圧力値に変換します。

(4)　A/D変換機のデジタル値を表示されるセンサー値に変換し収集

「(3)センサー値とデジタル値の計算式を作成」の計算式を使用してA/D変換機のデジタル値を表示されるセンサー値に変換し収集する。

圧力計の数値で表示されている0.049875(Mpa)はデジタル値が798で出力されます。上記「(3) センサー値とデジタル値の計算式を作成」の計算式を使用すると、c = 798 ／ 16000 = 0. 049875(Mpa)と変換できます。

センサーやA/D変換の仕様書の見方がわかれば誰でも収集可能となります。

2.2　蓄積

2.2.1　通信方式のメリット／デメリット(無線、有線)

Q21：通信には無線と有線どちらを利用すればよいか

センサーからの情報収集には無線を活用できたらと考えていますがレスポンスやセキュリティ面を考えた場合不安があります。無線、有線の選択や無線を使う場合に注意すべき点について教えてください。

A21：データの保証が100%必須の場合は有線。
リアルタイム性がなく、傾向把握をするのであれば無線

このような質問は大変多いです。実証実験でもWi-Fi環境を利用した構内無線接続や3GL、4GLの通信網経由でクラウドサービスに情報蓄積する事例もどんどん増えています。しかし、100%データ保証をしなければならなかったり、リアルタイム性を必要とする場合には無線は向いていません。特に品質保証のために各工程ごとの製造条件を収集してモニタリティを行う場合は有線での対応が必須となります。

逆に、予知保全のためにプレスで何ショット今日は稼動したか、炉の温度がゆるやかに低下してきていないかといった傾向を分析する場合は無線を利用している例も多いです。

アンドンのような工場の設備の稼動情報共有についても無線利用のケースは多いです。構内無線を利用する際の注意点は次の3点です。

《無線活用のポイント》

① 通信障害が発生しても業務に支障が出ないこと

② 設備動作に干渉しない帯域を利用すること(2.5GHzまたは5GHz帯が望ましい)

③ 外部からの侵入があっても情報漏洩に支障なく、設備誤動作につながらないこと

①について実績数は日単位で合計数がとれれば問題ありませんし、温度情報も途中途絶えても残りのデータである程度傾向がつかめます。アンドンは通信障害時に見えなくなりますが、今までも設備のアンドンで対処していたので、工場の操業に大きな支障は出ないといった割り切りのほうが強いです。

②については実証実験で2GHz帯を利用していると設備が誤動作するといった不具合が頻繁に発生しましたので注意してください。現場のために良かれと思ってやったことが逆にクレームにつながるとIoT導入への印象が悪くなります。

③についてはあまり気にしていないことが多いようです。今の情報機器はWindowsやLinuxといった扱いやすいOSを使用しているので、少し知識のある人であれば簡単に機器を無線経由で操作できてしまいます。その際のリスクは情報漏洩することや設備の誤動作につながることです。温度や実績数だけであれば漏洩しても問題ないと割り切る例も多いです。

情報収集にしか機器を使用していなければ設備の誤動作にはならず問題ありません。利便性と信頼性の共存は難しいですが、利点欠点を理解して使用いただければ問題ありません。

2.2.2 マルチメディアの通信方法のポイント(テキスト、音声、画像)

Q22：テキスト、音声、画像、それぞれどう通信すればよいか

収集する情報にはテキストだけでなく、音声、画像といった情報があります。これらに対し、考慮する点や利用例があれば教えてください。

A22：音声はテキストへの変換能力が大事、画像は収集頻度に気をつける

今まではセンサーからデジタル、アナログでテキスト情報を収集するケースが主でした。温度や正常、異常信号といった情報がそれにあたります。最近はAI技術が急速に進歩してきており、AIスピーカーのように人が発した音声に対し、コンピューターが応答する利用例が増えています。AIスピーカーの原理は音声を一旦、テキストに翻訳し、その内容を処理します。製造現場でも動作開始や停止に「ボタンを押すのでなく、音声を利用したい」といったニーズがあります。しかし、人間はおかしい利用シーンでは過去の経験からおかしいと判断しますが、音声を利用した場合、今の技術では異常を関知せず、そのまま対応してしまいます。それを防ぐには、ノイズとなるような情報の考慮や変換しやすい情報選択が必要です。

画像については静止画、動画の利用が増えています。例えば、金型で熱を利用する場合は金型の温度のテキスト情報だけでなく、サーモカメラを使用してヒートマップを静止画や動画として保存する活用例があります(**図 2.26**)。テキストの情報は数バイト～数百バイトですが、画像や動画になると数十MB～

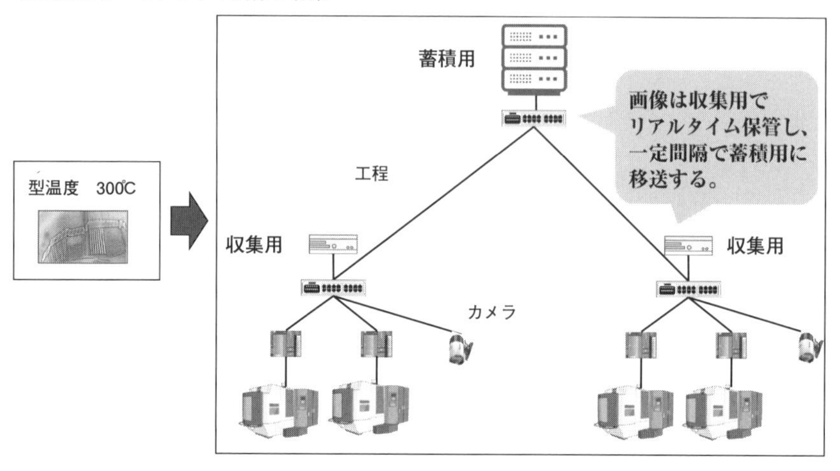

図 2.26　サーモカメラの活用例

数百 MB と飛躍的に増えます。このような大量の情報をテキスト情報と同じ頻度で蓄積用のサーバに送信するとレスポンス低下を招きます。画像や動画を扱う場合は情報収集するエリアに近い所で情報をまず蓄積し、日、週、月といった感覚で集中用の蓄積サーバに移すといった工夫が必要となります。

クラウドサービスは収集やダウンロードするデータ容量で金額が異なりますので、そちらもあらかじめ利用するデータ容量を試算したうえで利用してください。

2.2.3　ロボットや設備からの情報通信とサーバ蓄積環境構築のポイント

Q23：ロボットと設備の情報は共有できるのか

新設のラインを構築する際に、設備だけでなくロボットや搬送設備の情報を収集したいと考えております。ロボットの情報にはロボットメーカーのシステムがありますが、設備の情報収集と共有することは可能でしょうか？

A23：ロボットや搬送設備の情報共有は可能

最近は、国内に新設ラインや新設工場の建設が増えてきました。人手不足も深刻化しており、ロボットや無人搬送機などを駆使して自動化ラインへの移行が進んでいます。

今までは工場には人がたくさんいましたが、人が少なくなり設備のウェイトが大きくなっています。ロボットや無人搬送機は今まで人が行っていた作業の代替となるため、安定して稼働しているか、効率的な動作をしているか情報収集したいという話をよく聞きます。

ロボットを供給しているメーカーは自社のロボットの動きをウォッチするために至る所にセンサーを仕掛けており、細かく情報収集できるようになっています。

以前はロボットの情報を見るにはそのメーカー独自のシステムを導入しなければ把握することができませんでした。最近はロボットメーカーも標準化の波に合せロボット内の詳細な情報を徐々に開示するようになってきました。

主要なPLCやロボットコントローラを介して情報収集できるため、生産設備やロボットを共通のネットワークで収集が可能になっています。

搬送設備においても搬送設備の制御や情報収集を無線のネットワークで行う例が増えてきました。こちらも共通のネットワークで稼働時間や経路の情報が収集できます。

自動化ラインの難しさは前工程と後工程の同期のとり方にあります。今までは設備と設備の間に人が補助をしていました。それがロボットで代替できるため、ロット単位で移し替えていたものを1個単位で何回も作業することが可能です。搬送機についても同じです。そうなると前工程と後工程を連動させて1個単位で流せるようになります。しかし、ロボットの動作にも微妙なズレがあるため、物を置いた位置がずれると後工程のロボットがうまくとれないといったケースが出てきます。こういった動作も含めて安定した生産や搬送をウォッチすることが求められています。

Q24：設備と上位PCの通信はどうするか

設備で収集しているデータを上位のPCに通信してビッグデータ解析したいのですが、PLCからデータを送信する方式と上位PCからPLCのデータを取りに来る方式があり、どちらを採用すればよいか迷っています。どちらにすればよいでしょうか。

A24：将来的な拡張を踏まえて最適な通信方式を選択する

工場の入り口から出口までの複数設備の情報をIoTにより統合化する際に設備から上位PCにデータを通信したうえでデータベースに格納することになります。この際に自社の標準の通信方式を検討していくことになりますが、次の2種類の通信方式(**図2.27**)のどちらを採用すればよいか迷うという話を聞きました。

① 上位PCからSCADAやソケット通信のような標準プロトコルで設備の情報を順番に取りに行く。

② 個々の設備を制御しているPLCから定期的に上位PCやサーバのデータベースに情報を送信する。

結論からすると「① SCADAやソケット通信のような標準プロトコルを利用する方式」を採用するほうが柔軟性、拡張性に富んだ仕組みが構築できます。この理由については後で説明します。

まず「② PLCから定期的に情報を送信する方式」についての説明をします。

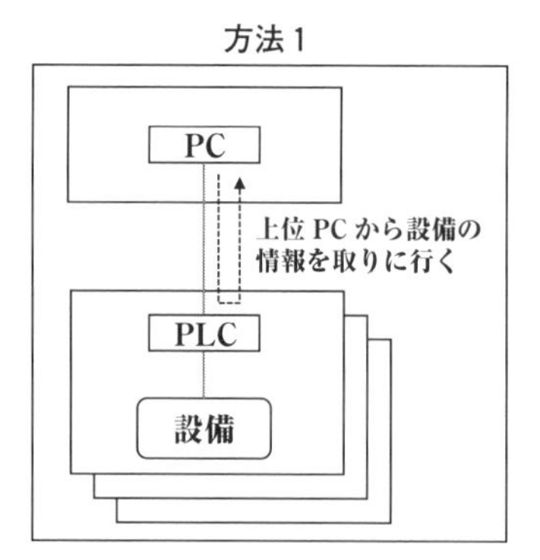

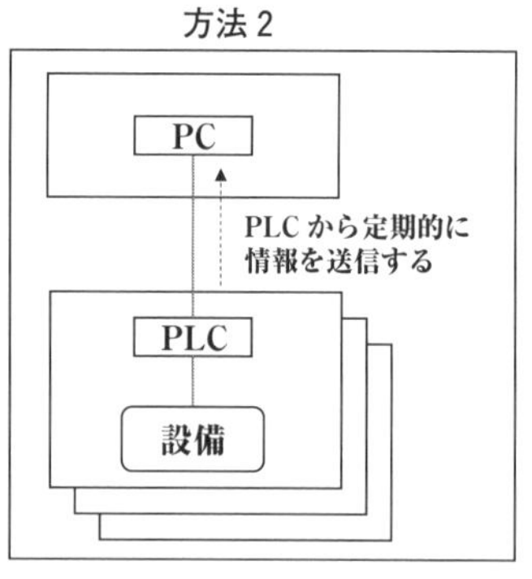

図2.27　設備からの通信方式例

②の方式採用のメリットはPLCが1社に統一されている場合、そのメーカーの通信ソフトを利用すれば、ラダー言語の知識がない情報技術者でもアドレスとデータベースの項目の定義さえすれば簡単にデータを取り出すことができます。

特に「① SCADAやソケット通信のような標準プロトコルを利用する方式」でSCADAを採用するとデータの取り漏れが発生するためSCADAは正しくデータをとれないという誤解があります。SCADAで情報収集する場合は正しい通信方式を採用すればデータの取り漏れの発生はありません。

「② PLCから定期的に情報を送信する方式」を採用するうえで気をつけなければならないのは複数の設備が同時にデータを上位PCに通信するとネットワーク負荷が高まり上位PCが処理をさばけなくなる恐れがあることです。そのため、少ない台数での通信には向いていますが、数10台の設備からの情報収集をするうえでは②の方式の採用は適していません。

「① SCADAやソケット通信のような標準プロトコルを利用する方式」は伝統的に採用されていた処理方式です。これまでは日本のメーカーSCADAソフトは利用せず、個別通信ソフトを開発して通信を行ってきました。しかし、現在ではSCADAソフトに必要な機能が一通り揃っていますので、こちらを利用するのがよいでしょう。

ユーザ視点から見たSCADAソフト利用上のメリットは次のとおりです。

《SCADAソフト利用上のメリット》

① PLC、CNC、テスターなど各制御機器と接続する通信ドライバーがあらかじめ用意されているため、通信方式を各制御機器メーカーと個々に擦り合せする手間が省ける。

② 「定期的な通信間隔での通信」や「アドレス値の常時監視での値変更での通信」など基本的な通信方式についてはコーディングしなくても設定すれば通信ができる。

データの取り漏れが発生しないように通信をするうえで、次の点に気をつける必要があります。

これはPLCのアドレスに生産実績のカウント数などのデータを連続で保存

していると直の切替え時にタッチパネルで切り替えボタンを押すと値が０にクリアされます。そのアドレスをSCADAが定期的に情報収集しているとタイミングがあわない場合、直の生産数が450だったのに449や０になって収集されることになります。このケースに対応するために直単位の最終値やモニタリティに利用するシリアル単位の情報はPLC内で別の履歴アドレスに順次コピーしておく対応が必要です。SCADAはその履歴アドレスに保管されているデータを収集すればデータの取り漏れは防止できます。生産技術や設備機器の電気設計者からすれば当たり前のことですが、IoTはIT部門が行っていることがあり、このようなお作法を理解していないケースが多いのです。

これらの点に気をつけていただき、工場や複数拠点のデータ統合化プロジェクトを推進していただきたいです。

Q25：PC環境構築のポイントは

ラズパイやIoTのサーバ環境を構築するのにインストールや複数環境の管理の手間がかかります。 環境構築のコスト低減や作業効率向上のためにどうすればよいか教えてください。

A25：コンテナ仮想化技術（Docker、Kubernetes）を採用する

IoTが普及するにつれて設備やセンサーにラズパイを接続してたくさんのデバイス経由でデータを収集するようになってきました。収集したデータを蓄積するサーバもデータ量が多いことから複数環境を構築する必要性が出てきます。

PCやサーバ環境を構築するにはOSと呼ばれる基本ソフト、プログラムを動かすミドルソフト、データを管理するデータベースとたくさんのソフトウェアを事前にインストールして最適なパラメータを設定しておく必要があります。デバイスが増えてくるとハードウェアやソフトウェアのバージョンが変更していきますので、複数の環境を１つにまとめた最適な環境のセットとして扱わないとプログラムが正常に動作しなくなります。これらをまとめて管理する技術をコンテナ仮想化技術といい、それを実現するソフトウェアがDocker（ドッカー）、Kubernetes（クバネテス）です。コンテナとは複数のソフトウェアの１つのセットのことを表します。

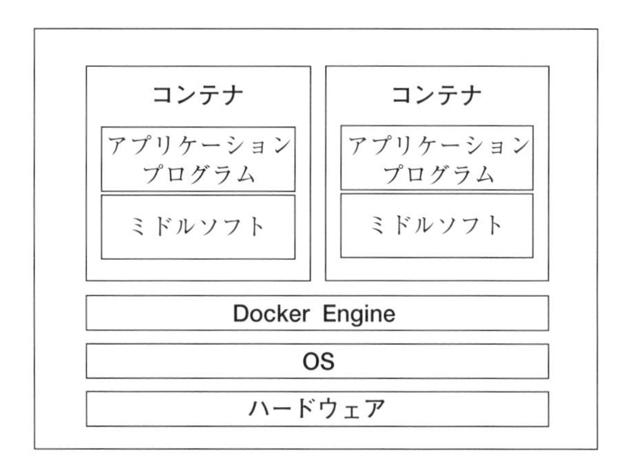

図 2.28 Docker のコンテナ構成例

(1) Docker のメリット

Docker のメリットは以下のとおりです。

- 1 サーバ内に複数の環境を構築できる。Linux、Windows、Mac に対応
- 作成したコンテナをイメージファイルとして環境間でコピーや移動することが可能
- アプリケーションの一部だけを変更可能
- 変更履歴をレイヤー化することで、前の状態に戻すことが可能

例えば OS、ミドルソフト、データベース、アプリケーションを 1 つのコンテナにまとめると毎回 PC にそれぞれのソフトのインストール、パラメータの反映、プログラムの反映作業がファイルのコピーのイメージで簡単に行うことができます(**図 2.28**)。その後の変更管理も一通りのセットで行えますので、後で元に戻すのも簡単にできます。

今までは仮想サーバ環境という技術がありましたが、OS を仮想環境ごとに持たねばならずディスク容量が取られ、起動に時間がかかるといった欠点がありました。Docker は OS 環境を共有することにより、動作を軽くすることができる点がメリットとなっています。

(2) Kubernetes のメリット

Kubernetes のメリットは以下のとおりです(**図 2.29**)。

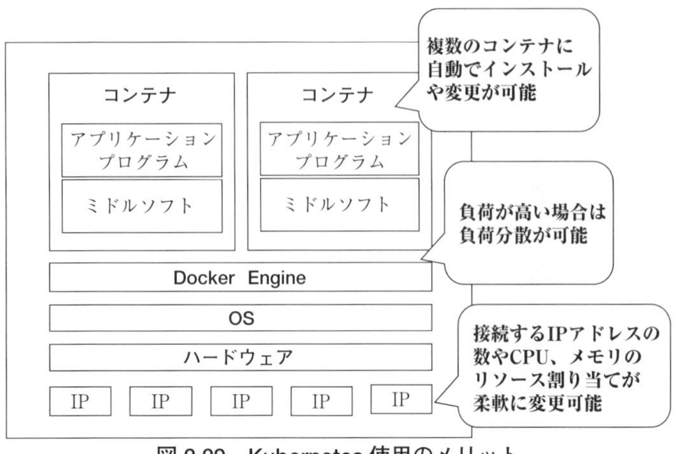

図 2.29　Kubernetes 使用のメリット

- コンテナ仮想化ソフトウェアの管理、自動化が可能
- コンテナへのトラフィックが多い場合負荷分散をすることができる。
- データ格納の拡張性が簡単
- コンテナ作成の作業を自動化できる
- CPU やメモリーのハードリソースの割り当てが可能

Kubernetes は Docker で作成した環境を管理し自動的に複数環境に反映するためのソフトウェアです。特にサーバ環境で利用する場合はたくさんのデバイスからのアクセスが集中しますので、負荷の高いコンテナへの接続を負荷の低いコンテナに振り分けることができます。コンテナ環境が多い場合は変更環境を更新するのに何カ所も手で作業しては時間がかかります。このような作業の自動化が可能です。

サーバの CPU やメモリーのリソースもデータ量が多くなってきたら割り当てを増やしたり、逆に他のコンテナ環境に割り当てたりといった設定ができるのもメリットです。

Docker、Kubernetes はオープンソースソフトウェアとなっていますので、無償で利用できるのが急激に普及している理由です。

ラズパイや JavaScript や python 言語によるオープンソースソフトウェアが普及してきて、誰でも簡単に高機能なシステム開発ができるようになってきました。さらにDockerやKubernetesにより、システム環境構築や運用保守作業の効率化ができるようになってきましたので、ますますIoT普及の推進力が高まるのではないかと期待しています。

2.2.4 データ蓄積に対するポイント(蓄積方法、蓄積期間)

Q26：ビッグデータの蓄積形式はどうするか

どんなデータをどのような形式で蓄積すればよいのでしょう？ IoTで各種のデータを収集しますが、データを保存する際に「SQL、NoSQLのどちらにしますか」とソフトウェアベンダーの方に聞かれました。それぞれの違いや蓄積する情報の種類や活用シーンに応じてどちらがよいか教えてください。

A26：定型業務などで複雑な検索、集計、更新、削除が必要な際はSQL形式、リアルタイムにビッグデータを解析するなどの参照専用にはNoSQL

IoTでデータを扱う際にはSQL(エスキューエル)、NoSQL(ノーエスキューエル)という言葉をたびたび聞くようになりました(**表2.4**)。SQLとはデータベースのデータの操作や定義を行うための共通言語のことをさします。データベースシステムで普及しているものはRDBMS(リレーショナルデータベース管理システム)と呼ばれています。このRDBMSの形式でデータを管理することをSQL形式と呼んでいます(**表2.4**)。

RDBMSの特徴は多数のユーザが同時にアクセスしてもデータの整合性が確保できることで、複雑な検索、集計、更新、削除を必要とする大規模システム(エンタープライズシステム)に広く利用されています。

しかし、コンマ何ミリ秒以下の短い間隔で収集したデータをリアルタイムに処理するのにRDBMSは向いていません。収集した情報を後で多数のユーザに業務上利用するような場合、例えば各工程の製造条件と顧客のクレーム情報から影響する対象ロットを特定するような場合には各工程間のデータを紐付けたり、複雑な検索処理を必要とするため、SQL形式でデータを保存しておく必要があります。

表 2.4 SQL、NoSQL のメリット、デメリット

	SQL	NoSQL
定義	RDBMS(リレーショナルデータベースシステム)で扱う形式。SQLの共通言語を使用することからこの用語が使用されている。	RDBMS 以外のデータベースシステムの形式。単純なテキスト形式からキーを構造化した特定の用途に応じたものまで含まれる。
メリット	複雑な検索、集計、更新、削除を必要とする定型型業務に向いている。	参照専用の大量データの解析やコンマ何ミリ以下のリアルタイム処理に向いている。
デメリット	コンマ何ミリ以下のリアルタイム性を要する用途には向かない。	更新、削除や複雑な検索、集計には向いていない。
総合評価	定型業務などの更新や複雑な検索を必要とする用途で利用する。	参照専用リアルタイム処理や大量のデータ解析に利用する。

それに対し、NoSQL 形式とは Not Only SQL の略で RDBMS ではないデータベースシステムを表します。NoSQL 形式の特徴は大規模の検索処理に優れていることです。単純なものはテキスト形式で単純にデータを追加していくものや、検索キーをあらかじめ絞って格納していき、一定の検索順序に対しては高速によりできる構造を持っているものなど、NoSQL 形式にはいろいろなものあります。

設備から収集した各種の温度、圧力といった情報や設備の稼動、停止の信号などについてはテキスト形式のデータがよく使われています。リアルタイムに傾向をみる分にはコンマ何ミリなどで収集した情報を信号表示やグラフ表示をしたり、異常信号を通知するのに使用されます。

Q27：ビッグデータの明細はどのくらいの期間保持するのか

設備からデータを常に収集しておりますが、コンマ1秒単位で収集しています。放っておくと大量のデータが蓄積されます。このような大量の明細データはどの程度保持しておくとよいのでしょうか？

A27：基本は３年～５年で削除。１年過ぎたデータは時間単位などにまとめる

基本は3年～5年で削除。1年過ぎたデータは時間単位などにまとめます。

設備からデータを収集できるようになった今では製造現場から収集できるデータ量は飛躍的に増加の一途をたどっています。100バイト(50文字)の長さのデータをコンマ1秒単位で収集すると1日で86.4MB(100バイト×10回/秒×3600秒×24時間=86,400,000バイト)になります。これが1台の設備から収集している情報となると設備が100台あれば1日で864MB。1カ月で25.9GB。年間で310.8GBとなります。複数の種類のデータを収集し、静止画や動画のデータを扱うと、さらに何倍～何百倍のデータ量が必要となります。したがって、そのままの粒度でデータを蓄積しておくとデータを蓄えておくストレージが必要になります。自社で揃えると数億円にも上る高額な投資になるケースがありますし、クラウドサービスを利用する場合でも毎月の課金が増えるのでばかになりません。コンマ1秒以下の情報を過去に遡ってそのままの粒度で必要とするような用途はあまりないことが多いので、1年過ぎたデータは時間単位などに間引いたり、まとめたり、平均化したりして整理している例をよく聞きます。また、データも3年～5年で外部ストレージなどにバックアップを取って、通常利用するエリアからは削除する運用もよくあります。

Q&A26でも説明しましたが、データを間引いたり、平均化したり、まとめたりといった形で加工する際にはSQLデータベースでは加工しやすいのですが、NoSQLデータベースでは専用のツールを使用したり、加工するのに一苦労します。この点も考慮にいれたうえでデータ格納形式やデータ蓄積における運用方法を事前に検討しておくことをお勧めします。

2.2.5 クラウドサービスのメリット／デメリット

Q28：クラウドサービスはどう利用すればよいのか

IoTで収集したデータの保管にはクラウドサービスを利用するとよいといわれます。これから設備からデータを収集しようと考えているところなのですが、クラウドサービスはどのように利用するとよいか教えてください。

A28：クラウドサービスはファイル転送サービスから利用しIoTに展開する

この質問のように「IoTはクラウドサービスの利用が前提」といった言い方をする場合がありますが、みなさんが抱えている問題が解決するならば、クラウドサービスを利用しなくても問題ありません。

まず、設備からデータをつなげる場合はPLCや外付けセンサーからデータを収集することになります。当然設備の近くで収集するので、わざわざ工場から遠く離れた雲の中(クラウド)に通信しなくてもよいのです。PLCや外付けセンサーの近くのPCにデータを溜めていき、メモリスティックで定期的にデータを抜いて確認するのです。有線LANやWi-Fiで近くのサーバにデータを格納する利用で十分です。

しかし、どんなデータが取得できるかが明確になり、本格的に数十台以上の設備から多数の項目のデータを収集するとなるとそれなりのサーバ環境が必要です。その際には初期投資としてそれなりの費用がかかります。クラウドサービスも利用方法によっては低コストで効果を出しながら投資をしていくことが可能になります(表2.5)。

表2.5　クラウドサービスの定義

名称	定義
SaaS (サース)	個々の端末で利用していたソフトをクラウド上に公開することで、インターネット経由で提供/利用する形態をさす。インターネット経由で接続し、マルチデバイス(PC、スマートフォン、タブレットなど)での利用が可能 例)　メール(Gmail)、ストレージ(DropBox)など
PaaS (パース)	アプリケーションを動かすのに必要なハード、OSを含むプラットフォームをインターネット経由で提供する形態。プラットフォームを利用して、アプリケーション開発を行い、公開することが可能 例)　Microsoft Azure、Google App Engineなど
IaaS (イアース)	自社で運用していたサーバハードウェアの部分を仮想化しインターネット経由で利用する形態。必要なときに必要なサイズのサーバを利用できる。 例)　EC2(AWS)、Google Compute Engineなど

クラウドサービスには「IoT インタフェース」と「ファイル転送」サービスに大きく分かれます。

IoT インタフェースは設備から数秒や数分単位で飛んできたデータを小まめに通信して蓄積する方式です。

ファイル転送サービスは一定時間(数分から数時間)単位で抽出したデータファイルをまとめて通信して蓄積する方式です。収集したデータを蓄積し、活用するまでに時間の余裕があればファイル転送を選択したほうが低価格で済みます。

大量のデータをリアルタイムに近い状態で通信、蓄積、活用するには IoT インタフェースを利用する必要があります。蓄積したデータを活用する際には自分の PC にデータをダウンロードする量が多い程、課金が多くなります。明細データは極力画面で見ておいてダウンロードは集計したデータに留めておくとお得な利用となります。

Q29：クラウドサービスの違いとは

クラウドサービスの利用を考えています。AWS、Google、Azure といった言葉を聞くのですがどんなクラウドサービスがあるのか特徴や違いがわからないので教えてください。

A29：AWS(Amazon)、GCP(Google)、Azure(Microsoft)が主流。国産もある

クラウドサービスのシェアとしては AWS(Amazon)を筆頭に GCP(Google)、Azure(Microsoft)がよく利用されています。AWS の特徴は、100 を超えるサービスを利用することができ、日進月歩で増えていきます。サービスがたくさんある分、もの足りなさは感じませんが、どのサービスを選択すればよいか迷います。サービスごとの従量課金となるため、請求書を見るとたくさんの項目の内訳ごとに料金計算されます。支払いもドル建てなので、日本の伝統的な商習慣の方からすると「馴染めない」「為替変動が不安」といった声もあります。

それに対し、Azure(アジュール) (Microsoft)はサービスも AWS よりは大括りで用意されており、日本円での決済可能ということで「利用しやすい」といった声も聞きます。

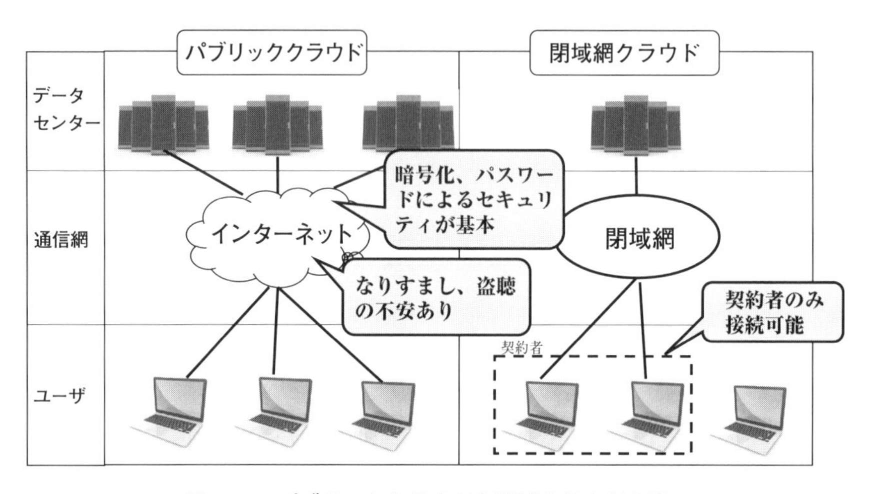

図 2.30　パブリッククラウドと閉域クラウドの違い

AWSは1つのデータを格納する際に複数箇所のサーバに同時書き込みをします。そのため、どこかのサーバが壊れてもデータは必ず保証するといった信頼性を確保しているのです。このような高い信頼性を自前で確保するには莫大な投資が必要となります。最初は一定期間無償体験ができますし、データ量が少ないと数百円〜数万円でも十分目的を達成する利用が可能です。そういうメリットから考えればクラウドの利用価値は高いといえます。

Azure は Microsoft のサービスなので、一般的に普及している Microsoft の Windows や SQL Server など、普段使い慣れている環境を動かすには適しています。「うちは Windows が前提なので Azure を使っています」といった話もよく聞きます。

IoT は基本インターネットを利用するために社内の機密情報が漏洩することに不安を感じる企業は利用を躊躇します。それを解決する方法として閉域網を使用したクラウドサービスも出てきています(**図 2.30**)。これは契約者しか接続できない方式なので、攻撃を受けるリスクが下がりますが利用料金がその分高額です。国内ベンダーはこのようにデータの保管場所や通信に対し高いセキュリティや信頼性を売りにしてシェアを伸ばしています。

第3章

活用／解析／AIシステム構築段階

3.1　活用

3.1.1　生産管理指標と国際標準規格 ISO 22400

Q30：KPI（生産管理指標）とは何か

現場管理をしていますが、どんな方法で良し悪しを見たらよいかわかりません。KPIという言葉は聞きますが用語の意味や種類について教えてください。

A30：KPI（生産管理指標）は生産現場の生産状況を測るものさし

製造業の生産現場に従事している人は必ず生産日報を記録しています。生産日報を記録するのは1日の生産状況を正しく記録し、よりよくカイゼンするためです。生産日報に記録した情報を活用して、KPIを算出します。KPI（key performance indicator：生産管理指標）は目標達成評価の指標です（**図3.1**）。生産状況はこのKPIで見ることになります。KPIは生産現場の生産状況を測るものさしとなります。

生産管理指標にはいろいろな種類がありますが、熟練した工場長なら「可動率（べきどうりつ）」「不良率」「生産稼動率」の3種類を見れば十分管理できます。それぞれの算出式は**図3.1**をご参照ください。可動率は計画どおりの時間で生産できているかを見ます。高度な現場では95％の達成が目安となっています。不良率は文字どおり品質の不良が出ている割合を見ます。生産稼働率は仕事量の確保や負荷が適切かどうかを見ます。

可動率が低下するのは設備が停止していたり、部品が欠品していたり、人の作業が遅れていることが原因としてあげられます。不良率が低い場合は連続して同じ不良の事象が出ていないか確認していきます。生産稼働率が低い場合は

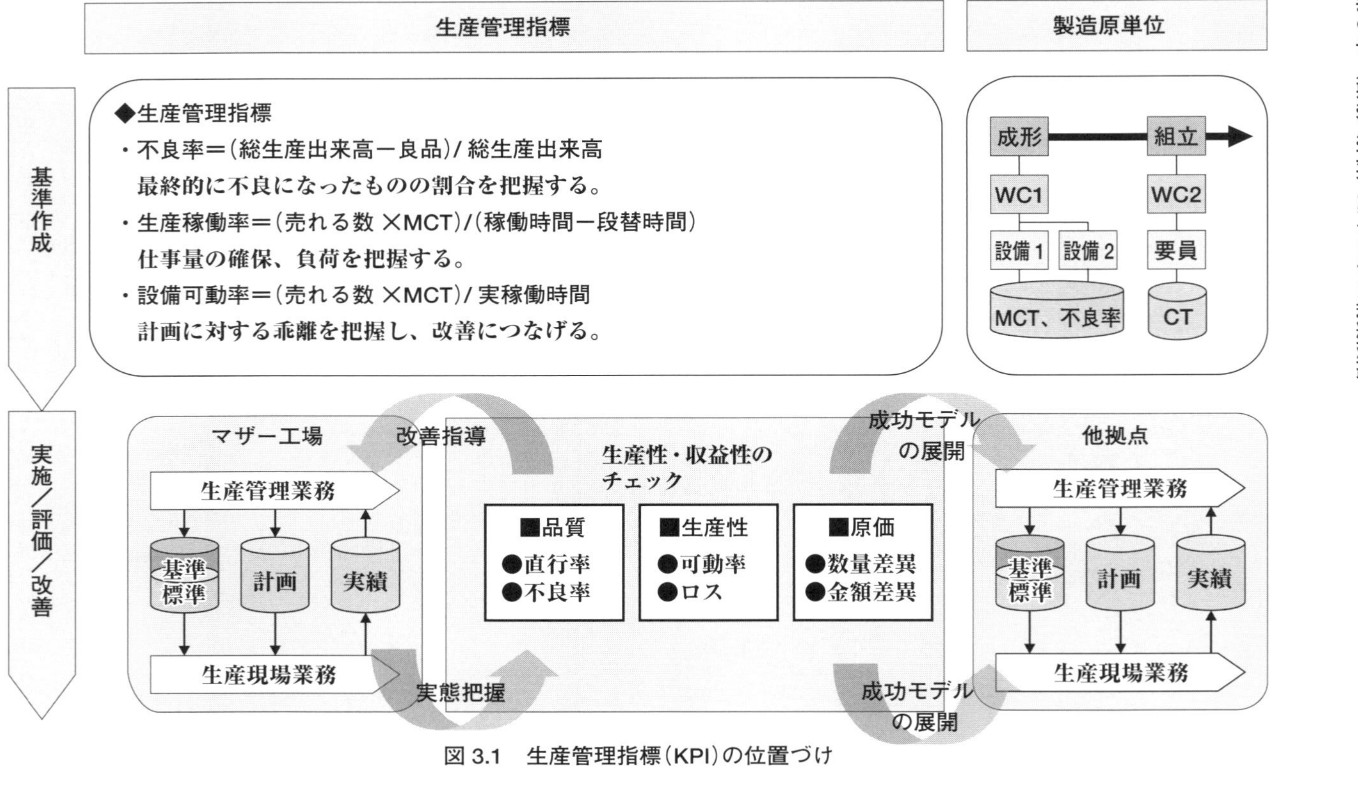

図 3.1　生産管理指標（KPI）の位置づけ

生産現場に仕事がないことと同じなので、経営が赤字に陥ってしまいます。生産管理指標の数値が健全になると工場経営もよくなります。具体的に指標を見て改善を行っていくとよいでしょう。

生産現場での問題は生産日報に「良品数、不良品数」「設備停止」「工数」を記録しても集計して分析するのに手書きからExcelに転記して、グラフ化するのに手間がかかって時間がとれていないことが問題となっています。今は「タブレット端末への直接入力」「超小型PCを使用した自動収集」「手書き日報のOCR(optical character recognition/reader：光学式文字認識)によるAI文字変換」といった活用例が出てきて生産管理指標の算出やグラフ化の手間が省けるようになってきたのです。ぜひ日報データ活用から取り組んでいただきたいと思います。

Q31: ISO 22400とは何か

ISO 22400という言葉を聞きますが、これは何でしょうか？使用目的や内容について教えてください。

A31：ISO 22400はMESの標準管理指標

ISO 22400は、業種／業態や企業ごとにバラバラだったMES領域の評価指標を標準化したものです。MES(manufacturing execution system)とは製造実行システムのことです。工場の生産ラインの各部分とリンクすることによって、工場の機械や労働者の作業を監視・管理するシステムがMESです。MESは、作業手順、入荷、出荷、品質管理、保守、スケジューリングなどとも連携することがあります。ドイツ、フランス、スウェーデン、スペイン、アメリカ、韓国、中国、日本などがこのISO 22400に参画しています。

データを収集し統合管理を行う範囲については最小単位となる設備やライン単位に収集した情報を工程単位に集約し、生産拠点、事業体、企業全体で統合化する考え方をとっています。したがって、設備→工程→工場→事業体→企業→企業間で統一したものさしでの評価が可能となります。

標準化することによるメリットは次の3点です。

《標準化のメリット》

① 生産性指標を標準化することによってベンチマーキングが可能となる。

② 生産性指標を定義することでセンサーや制御機器などから必要なデータを収集できるようになる。

③ 経営情報と生産現場の情報を統合的に可視化することができる。

表3.1に生産管理指標の種類を示します。

表3.1　ISO 22400の指標例

「効率化」「品質」「能力」「環境」「在庫管理」「メンテナンス」の6カテゴリーで定義されている。

分類		指標	
1. 効率化	efficency	労働生産性	Worker efficiency
		負荷度	Allocation ratio
		生産量	Throughputrate
		負荷効率	Allocation efficiency
		利用効率	Utilization efficiency
		総合設備効率	Overall equipment effectiveness index
		正味設備効率	Net equipment effectiveness index
		設備有効性	Availability
		工程効率	Effectiveness
2. 品質	quality	品質率、良品率	Quality ratio
		段取率	Setup ratio
		設備保全利用率	Technical efficiency
		工程利用率	Production process ratio
		計画実績廃棄率	Actual to planned scrap ratio
		直行率	First pass yield
		廃棄率	Scrap ratio
		手直率	Reworkratio
		減衰率	Fall off ratio
3. 能力	capability	機械能力指数	Machine capability index
		クリティカル機械能力指数	Critical machine capability index
		工程能力指数	Process capability index
		クリティカル工程能力指数	Critical process capability index
4. 環境	environment	総合エネルギー消費量	Comprehensive energy consumption
5. 在庫管理	inventory	在庫回転率	lnventory tums
		良品率	Finished goods ratio
		総合良品率	lntegrated goods ratio
		製造廃棄率	Production loss ratio
		在庫輸送廃棄率	Storage and transportation loss ratio
		その他廃棄率	Otherloss ratio
6. メンテナンス	maintenance	設備負荷率	Equipment load ratio
		平均故障間動作時間	Mean operating time between failures
		平均故障時間	Mean time to failure
		平均復旧時間	Mean time to repair
		良品保全率	Corrective maintenance ratio

例えば、ある大手欧州メーカーではサプライヤーとの取引条件として、「ISO 22400による評価指標がシステム化されて見える」ことが入っています。そうすることにより取引開始後にも常にサプライヤーのモノづくりの実力値を客観的に把握することができます。そのような取引きを継続していれば、M&Aにより大手製造業の傘下になった場合や複数の製造業が統合されメガサプライヤーとなることがあっても、新たな標準化が不要となります。そういった意味でも標準化指標による管理には大きなメリットがあるのです。

また、評価指標とその算出式が決められるため、設備やシステムを提供する側もパッケージ商品化して提供しやすくなります。最近は設備総合効率(OEE)を見る機能があらかじめ用意されている商品をよく見るようになりました。

それぞれの指標は、日本の製造業でも広く知られているため、あまりグローバル標準といった感覚はないかもしれません。

3.1.2 超小型PCラズパイ、アルデュイーノ

Q32：ラズパイ、アルデュイーノとは何か

最近ラズパイやアルデュイーノという言葉をよく耳にします。便利そうだとは思いますが、ラズパイとアルデュイーノはどう違うのですか。また、それぞれの特徴について教えてください。

A32：ラズパイはPCの小型版、アルデュイーノは電子回路

ラズパイやアルデュイーノは超小型PCです。国内では2016年頃から利用が始まり、あっという間に普及しました。

ラズパイはRaspberry Pi(ラズベリーパイ)の略です。ラズベリーパイは、ARMプロセッサを登録したシングルボードコンピューターです。ラズパイは、イギリスのラズベリーパイ財団によって開発されました。そもそも、学校の基本的なコンピューター科学の教育を促進するためにラズパイは開発されたのです。

アルデュイーノは、Arduino(アルデュイーノもしくはアルドゥイーノ、ま

たはアルディーノ)でAVRマイコン、入出力ポートを備えた基板、C言語風のArduino言語とそれの統合開発環境から構成されるシステムです。アルデュイーノはイタリアで始まり、安価なプロトタイピング・システムを製造することを目的にスタートしました。どちらも安価で便利なため、産業用に普及しました。

では、ラズパイとアルデュイーノはどう違うのでしょうか。

アルデュイーノにはOSがなく、ラズパイではLinuxが動きます。そのため、制御をするためにアルデュイーノではArduinoの専用言語を使ってプログラムを書きますが、ラズパイは汎用言語のPythonを使ってプログラムを書きます。アルデュイーノ単体には無線通信ができませんが、ラズパイは無線通信ができます。アルデュイーノはシングルタスクですが、ラズパイはマルチタスク処理ができます(表3.2)。

一言でいうとラズパイはPCの小型版、アルデュイーノは電子回路といえます。どちらも一長一短がありますが、個人的には高速にデータを通信したい場合はアルデュイーノが向いていて、データの収集、加工、表示といったような高度な処理にはラズパイが向いているといった印象です。

表3.2　ラズパイとアルデュイーノの比較

	Raspberry Pi ラズベリーパイ	Arduino アルデュイーノ
ハードウェア	• SDカードでメモリ容量が大きい。 • 基本機能で無線通信可能	• フラッシュメモリで容量が少ない。
ソフトウェア	• Linuxで動作可能 • マルチタスク	• OSはなし • シングルタスク
開発言語	• Python言語などの汎用的な高級言語を使用	• Arduino独自言語
拡張性	• Linuxライブラリの活用でやりたいことをすぐに実現可能	• 組み込みや電子部品など、低レベルな部分での自由度は高い。

Q33: 超小型PCラズパイ、アルデュイーノでできることとは

超小型PCが便利と聞きますが、どのようなことが実現できますか？またどのように動くのかも教えてください。

A33：可視化のための利用が多い

生産性や在庫など、超小型PCで現場を可視化する例が多い。温度、湿度など職場環境の可視化やポカヨケなど製造品質向上への活用例も出てきています。

ここではラズベリーパイの使用例について説明します。ラズベリーパイはGPIOという端子がついたパソコンなので、センサーからダイレクトに情報を収集することができます(図3.2)。

例えば、生産現場の設備や人作業の完成実績をカウンターなどから収集し、設備総合効率や1人時間当り出来高などの管理指標で可視化する利用例があります。現場の生産効率がリアルタイムかつ定量的に把握できるため、改善のポイントをすぐに見つけることができるため、中小製造業でも手軽に導入でき大

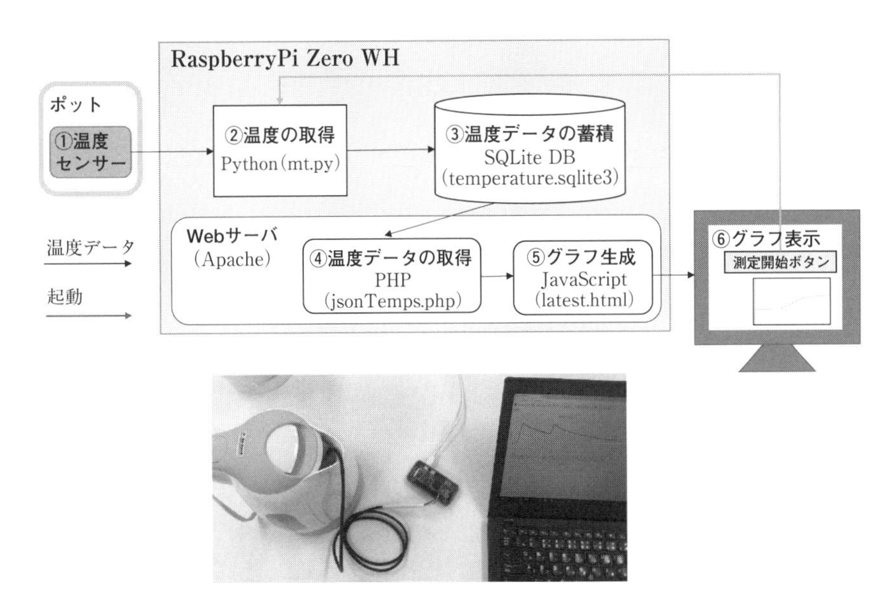

図3.2　ラズパイを利用した温度測定ツールの処理例

きなカイゼン効果を生み出しています。基本的には、Pythonを使ってセンサーから受け取ったデータを収集、DBに格納し、処理した結果をグラフや画面に表示します。Pythonは高級言語と呼ばれる汎用言語なので、市販の書籍やネットで情報が得られやすく、ライブラリと呼ばれる便利なツールを無償で利用できるため、地道に勉強すれば自作が可能な点が利点です。

温度センサーとグラフ表示の作成例を動画で公開しています。QRコードを読み取れば簡単に確認できます。

3.1.3　ExcelとBIツールの違い

Q34：データ活用のハードルは高いか

IoTを使って設備から収集したデータはデータサイエンティストでないと分析ができないと聞きました。専門スキルの高い人でないとBigデータの活用はできないのでしょうか？

A34：AIのモデル技術を活用するには専門家が必要。可視化についてはユーザで対応可

2022年においては、AIの活用といった言葉をどの会社でも聞かれるようになっていました。AIの機械学習やディープラーニングといった高度なモデル技術を活用する際にはデータサイエンティストの専門家によるサポートが必要です。

しかしながら一般的に高額なサービス体系であることと、顧客業務の理解不足により試行錯誤の繰り返しになるケースもあるようです。初期のデータ分析は専門家にサポートいただくが、その後は顧客側の業務を理解したスタッフでインプットの情報を変えて検証するケースもあります。こういった取り組みは大手企業を中心に進んでおり、時間とコストはかかりますがそれなりの効果が出ています。

それに対し、大多数の顧客のニーズはExcelに入力していてグラフで分析していたことの延長線でもっと多数のサンプルを扱って即座に可視化したいということです。このような用途にはBIツールが適しており、Excelの基本操作がわかる人であれば1週間程度BIツールを使えば習得できます。BIツール

(business intelligence tool)はデータを分析、見える化し、迅速で精度の高い意思決定を行うためのソフトウェアです。

まずはBIツール活用による可視化から取り組んでいくのがよいと思います。

Q35：ExcelとBIツールはどう違うか

Bigデータ活用のためにBIツールの採用を検討しています。しかし、「キューブの定義が必要」など、専門的な言葉が出てきますし、製品がたくさんあってどう評価すればよいか、わかりません。ツール購入にあたりExcelとの違いも社内で説明したいので教えてください。

A35：Excelは個別データの集合体、BIツールは共有データの活用が前提

最近はBIツールを活用するケースがよくあります。Excelは扱えるデータ量に限りがあり大量の共有データを扱うことが苦手です。逆に表を計算し、加工してグラフ出力するといった観点ではExcelの操作性に勝る低価格ツールはないといっても過言ではありません。

一方、BIツールのメリットは何百万件以上の大量のデータを扱っても即座に画面表示されるといった即時性にあります。他にもう年次→月次→日次でデータを掘り下げる(ドリルダウンする)際に、Excelでは複数のシート定義が必要ですが、BIツールは共通化することができます。見たい情報の種類をテンプレートとして用意しておけば利用者が1から作らなくても共有できます。

BIツールは製品がたくさん出回っていますがよく利用される製品の特徴は次の3つです。

《よく利用されるBIツール製品の特徴》

① 無償の利用から始めることができて、ライセンスを拡大する際に課金が発生する。

② 時間軸(年、月、日)や製品種類の切替えやデータの絞り込み、グラフ作成の見栄えがよく、操作性に優れている

③ 元データが定義されていなくてもすぐに活用できる。

《よく利用されるBIツール製品の特徴》の「③元データが定義されていなくてもすぐに活用できる」ですが、ツールによっては先に収集するデータの項目をデータベースに設定していないと使えないものがあります。他にも画面やグラフでデータを加工するもととなるキューブと呼ばれるデータ構造を定義しないと使えないものもあります。こうなると設定に手間がかかり、項目の追加変更の都度、設定する箇所が増えるため、少しハードルが高くなります。

したがって、BIツールを採用する際には、コストや操作性もさることながら、「扱うデータの設定に余分な手間がかからないか」を確認したうえで選び、利用するとよいでしょう。

3.1.4　ラズパイ×センシングによる設備データの可視化事例

Q36：設備の稼働状況を可視化するには

30年前に購入した加工機が50台ありますが、設備ごとに生産性が大きく異なります。設備の稼働状況を可視化したいのですが、どう進めたらよいでしょうか？

A36：リレー回路を経由して設備と超小型PCを接続し、データを可視化する

最近は中小製造業にもIoT活用の意識が芽生えてきており、既存の生産現場の情報収集、活用により業務改善を効果的に実施したいとの要望は多いのです。

最新の設備ではネットワーク接続の機構が最初から用意されているので、市販のパソコンと同様にケーブルを挿し、Wi-Fiの設定を簡単にするだけで設備の信号がとれますが、中小製造業が使用している設備は30年以上も使用し続けているものが多く事情が異なります。ここでは30年前のNC旋盤についている信号灯情報(自動、警告、異常)を電気的に超小型PCラズベリーパイに接続し収集したデータを可視化する事例を用いて具体的に説明していきます。

この可視化の進め方については、この後のQ&A37と合わせて2回に分けて説明していきます。

まず、次の手順で進めていきます。

① 既存の配線図を確認する。

② 配線図から接続端子の場所を特定する。

③ リレー回路を経由してラズベリーパイに接続する。

④ 接続して収集した情報を画面モニタに表示する。

⑤ 収集した情報を分析して改善活動に役立てる。

以下、それぞれについて説明します。

(1) 既存の配線図を確認する

まずは信号灯の配線図を入手します(図 3.3)。この例では電源(COMMON)はPEND02、緑(自動)は902、赤(異常)は901端子に接続されていることがわかります。

(2) 配線図から接続端子の場所を特定する

次に配電盤の中を見て、具体的に端子の場所を確認します(図 3.4)。設備端子の場所の例参照)基本はこの場所でよいですが、念のために信号灯の電圧と設備側の端子の電圧を計測して、実配線が配線図のとおりになっているかどうかを確認していただくとよいでしょう。

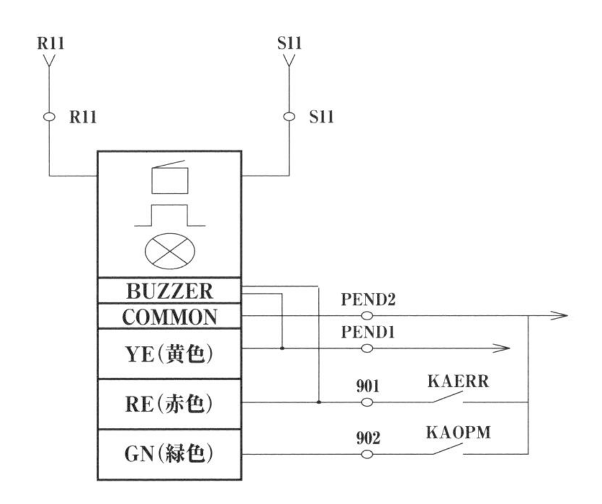

図 3.3　信号灯の配線図

図 3.4　設備端子の場所の例

(3)　リレー回路を経由してラズベリーパイに接続する。

設備端子とラズベリーパイの間にリレー回路を挟みます(**図 3.5**)。設備、信号灯、ラズパイ接続方法参照)。リレーの入力部分に対しまず電源部分をリレー回路に割り当てます。ここでは緑、黄、赤の3点を取得するので、3カ所つなぎます。1箇所はPEND2からリレーに接続しますが、あとの2カ所は渡りでつなげばよいです。次に901、902などの接点をリレーに接続します。リレーの出力部分から同様に電源や緑、黄、赤の接点をラズパイの入力端子に接続します。こちら側はGPIOピンを使用します。

リレーを経由するのは入力側と出力側で電圧が異なるケースがあったり、電圧が同じでも誤動作を防ぐために行います。リレーは数千円で手軽に購入できます。今回は無接点リレーの例で説明しましたが、有接点リレーでも問題ありません。これで接続は完了です。

次のQ&A37は接続後のデータの活用方法について説明していきます。

(4)　接続して収集した情報を画面モニタに表示する。

設備からデータが収集されてくると設備が稼働した情報や停止した情報が収集できます。

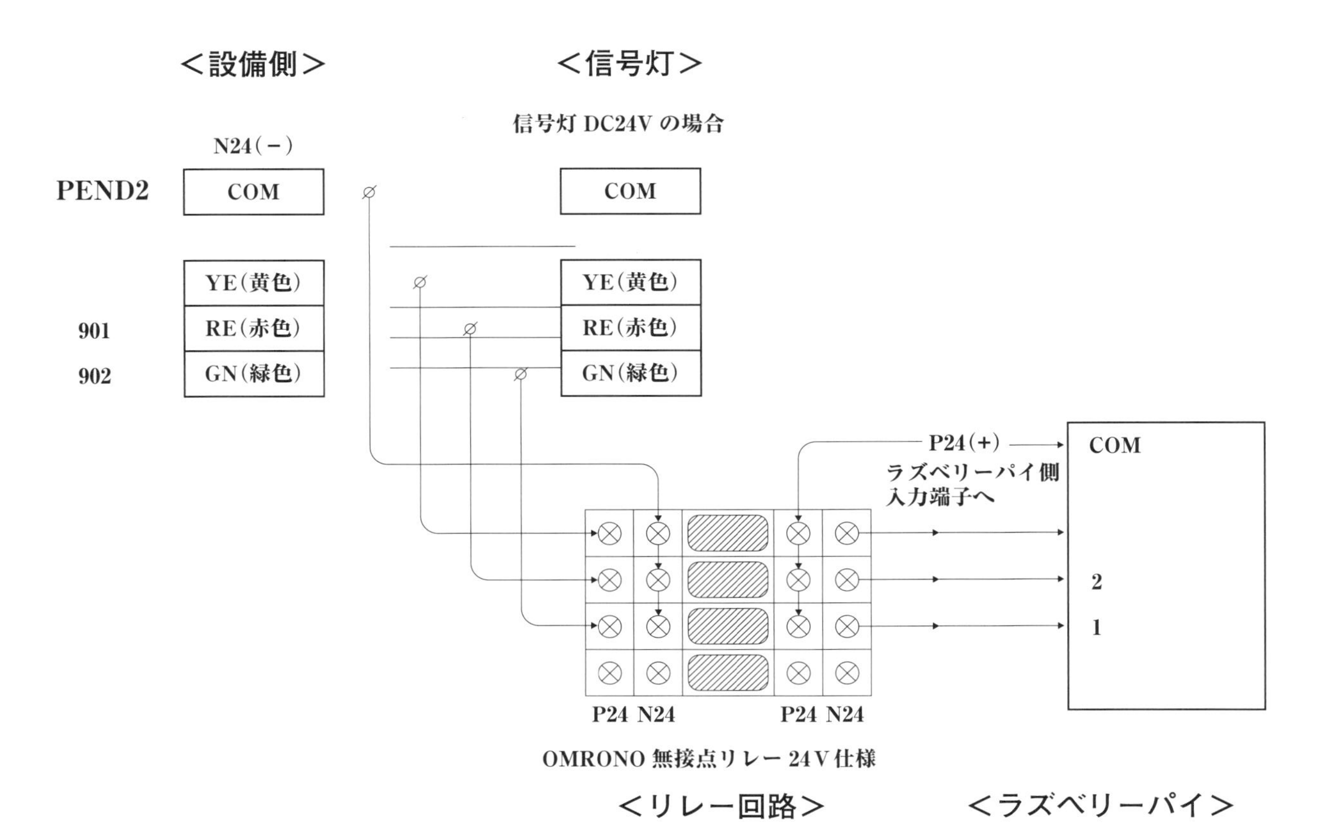

図 3.5　設備、信号灯、ラズパイ接続方法

```
"SERIAL","IPADDRESS","TIMESTAMP","E1","E2","E3"
"2587F9C5","192.9.201.78","2019-10-26 08:07:16.581785","1","None","None"
"2587F9C5","192.9.201.78","2019-10-26 08:25:14.800870","1","None","None "
"2587F9C5","192.9.201.78","2019-10-26 08:26:25.370687","2","None","1"
"2587F9C5","192.9.201.78","2019-10-26 08:26:28.646905","1","None","None "
"2587F9C5","192.9.201.78","2019-10-26 08:27:26.575953","2","None","1"
"2587F9C5","192.9.201.78","2019-10-26 09:05:18.612705","1","None","None "
"2587F9C5","192.9.201.78","2019-10-26 09:07:24.273591","2","None","1"
```

図3.6　収集データサンプル

収集したデータサンプル（**図3.6**）で説明すると収集する設備の「シリアル番号」「IPアドレス」「時刻」「緑の信号値」「赤の信号値」「黄色の信号値」となります。E1の接点には「緑の信号値」が割り当てられています。1は緑の信号がON、2は緑の信号がOFFを表しています。

これらの情報をうまく利用して次の内容を画面に出力します。

・緑の信号値→稼働時間を表します。

・黄色や赤の信号値→不稼働時間を表します。

・緑信号が終わった場合、生産数をカウントする。

・可動率＝MCT×生産数／「稼働時間の合計」

稼働時間の合計＝稼働開始～現在時刻－不稼働時間

MCT：マシンサイクル（1個つくるのにかかる時間）は品番単位に設定。

このようにデータを加工することにより、モニタに生産管理指標情報を表示します（**図3.7**）。

(5)　収集した情報を分析して改善活動に役立てる

図3.7の情報を見ると次のことがわかります。

①　今までは生産数しかわからなかったが、今は生産効率がわかるようになった。

A品番の加工は30分。B品番の加工は60分となった際に1日9個（A4個、B5個）と1日8個（B8個）の生産数で比較していました。前者の可動率は87.5%です。後者の可動率は100%です。このように生産効率上は後者のほうがよいことがわかります。前者に対し、改善を図る際にはロスの12.5%を見てい

図 3.7　生産管理指標のモニタ表示例

きます。

1日に9個作っていく中で設備を稼働している時間(機械が切削している時間)と人が段替えをしている時間(設備が加工していない時間)に分けてみます。設備が加工している時間にはばらつきはないことが多いので、人が段替えしている時間のばらつきを見ていきます。そのばらつきの原因を掘り下げて改善していけば生産効率が上がっていきます。

② 現場のモチベーションが上がった

写真はモノクロのためわかりにくいのですが、**図 3.7** のモニタ表示例ではカラフルな色彩を使用しています。これは現場の方が自主的に置いたものです。今までは工場長が現場に指示するときにはあいまいな指示が多かったのですが、このように最新技術を取り入れて論理的な解決を図るように意識が変わったところ、現場も文字通り明るくなっていきました。

IoT の効果はこのように現場の方のモチベーション向上につながることではないのでしょうか。

3.1.5　高速な設備でのラズパイ活用の極意

Q37：ラズパイで短いサイクルのデータを収集するには

ラズパイを使用して設備からデータ収集をしたいのですが、1秒よりも短いサイクルで生産するプレス機からのデータ収集方法について教えてください。

A37：ラズパイ2台を接続して収集と可視化を行う

ラズパイから設備の稼働状況や生産実績情報を収集するのは一般的になりました。しかし、数秒より長い間隔で設備が生産しているケースでは特に問題がありませんが、1秒よりも短い間隔になると1つのラズパイでデータ収集していてはラズパイの能力が追い付かずデータの取漏れが発生してしまいます。そのため、ここでは1秒未満のカウントデータを収集し、DB保存と画面表示する例について解説します。これは以下の手順で行います。

① 設備と設備信号収集用ラズパイの配線をする。
② 設備信号収集用ラズパイとデータ処理用ラズパイをLANケーブルでする。
③ 設備信号収集とデータ処理を分けて実行する。

(1)　設備と設備信号収集用ラズパイの配線をする

ラズパイとリレー回路の配線例で説明をします(図3.8)。まず電圧の違いを吸収するためのリレー回路を挟んで、生産ショット信号(青)、自動運転信号(緑)、停止信号(黄色)を配線します。リレー回路の反対側には生産ショット信号(青)、自動運転信号(緑)、停止信号(黄色)に対応する配線をGPIOピンに差し込みます。

(2)　設備信号収集用ラズパイとデータ処理用ラズパイをLANケーブルで接続

次に設備信号収集用ラズパイとデータ処理用ラズパイをLANケーブルで接続します。

(3)　設備信号収集とデータ処理を分けて実行する。

図3.9に示すシステム構成図で処理の流れについて説明します。「(1)設備と

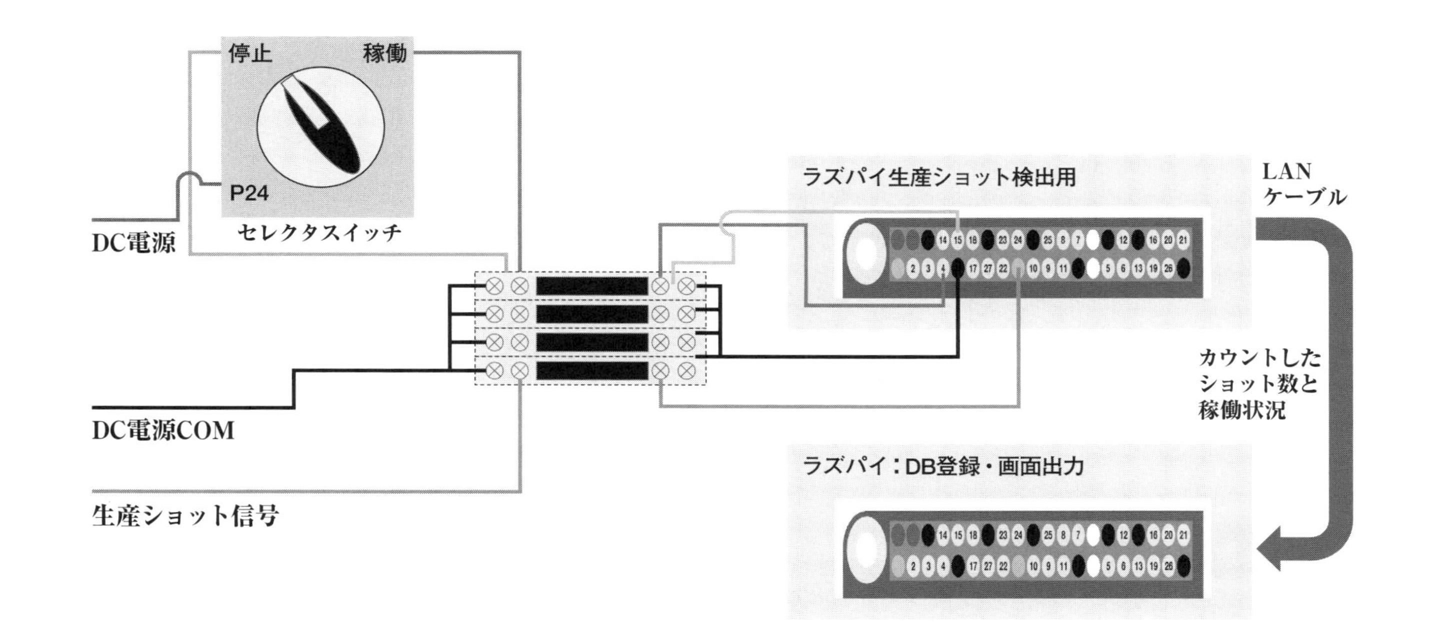

図 3.8　ラズパイとリレー回路の配線例

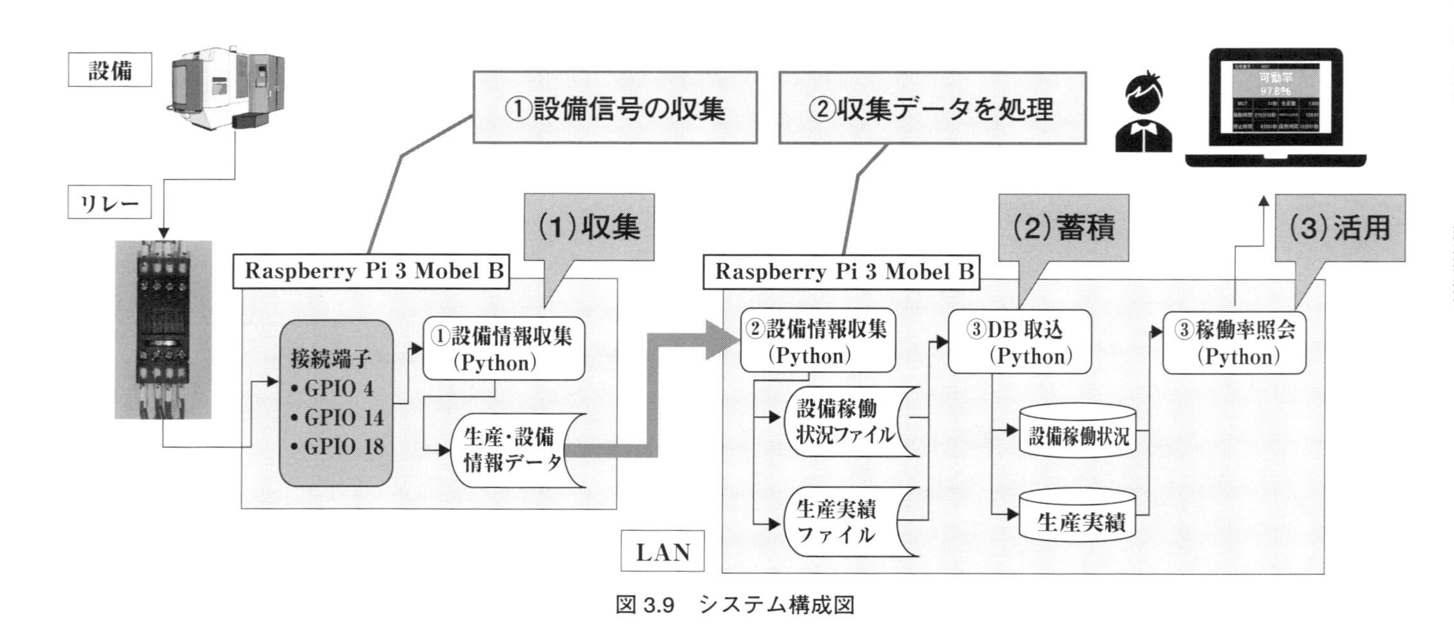
設備
リレー
①設備信号の収集
②収集データを処理
(1) 収集
(2) 蓄積
(3) 活用
Raspberry Pi 3 Mobel B
接続端子
・GPIO 4
・GPIO 14
・GPIO 18
①設備情報収集 (Python)
生産・設備 情報データ
Raspberry Pi 3 Mobel B
②設備情報収集 (Python)
設備稼働 状況ファイル
生産実績 ファイル
③DB 取込 (Python)
設備稼働状況
生産実績
③稼働率照会 (Python)
可動率
97.8%
LAN

図 3.9　システム構成図

設備信号収集用ラズパイの配線をする」で接続した設備信号収集ラズパイでは設備から配線した生産ショット信号(青)、自動運転信号(緑)、停止信号(黄色)を収集します。その収集したデータをデータ処理用ラズパイに送信します。データ処理用ラズパイは受け取った信号をデータベース(DB)に保存するとともに、可動率照会のように画面へ最新情報を反映します。

図 3.10 に示す「プレス機でのデータ収集例」で信号の収集方法のポイントについて説明します。プレス機の場合は可動部が回転する角度を見て、信号の出力制御ができます。**図 3.10** では 1 秒間隔でプレスする設備となります。この場合、90°～270°までで信号出力するように設定すると 0.3～0.8 秒までは信号が ON になります。ラズパイ側では信号を定期間隔で収集しますが、チャタリングなどで信号が乱れる場合がありますので、スリープ処理をして 0.2 秒程度おいてから再度信号を収集して ON になればカウントするといった処理を入れる必要があります。

チャタリングとは可動接点などが接触状態になる際に、微細な非常に速い機械的振動を起こし信号の ON、OFF を繰り返し乱れることです。このように設備信号収集と収集データの処理を分担することにより、0.5 秒間隔まではデータのとりもれなく設備データの収集、蓄積、可視化が行えます。

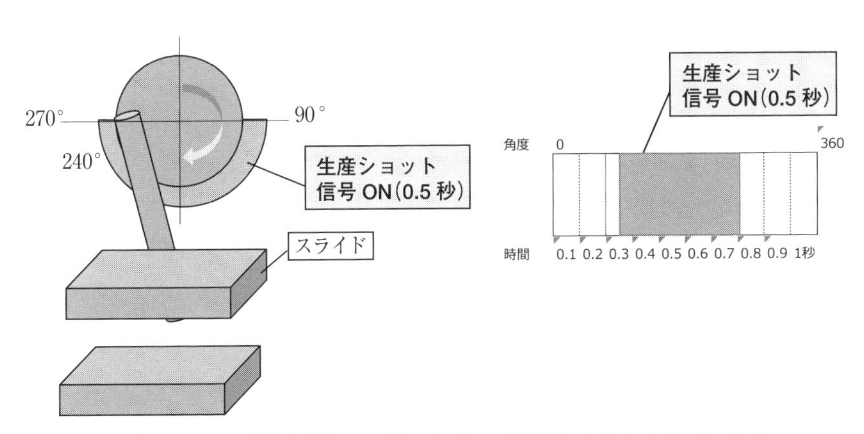

図 3.10　プレス機でのデータ収集例

3.1.6　ラズパイ×センシングによるカーボンニュートラルへの IoT 活用

Q38：IoT でカーボンニュートラルをめざすには

最近カーボンニュートラルという言葉をよく聞くようになり会社でも IoT を活用できないか検討しています。カーボンニュートラルについての IoT 活用事例があれば教えてください。

A38：まず消費エネルギーの可視化とコントロールをする

2020 年 10 月、日本政府が発表した「2050 年カーボンニュートラル宣言」では、2050 年までに脱炭素社会を実現し、温室効果ガスの排出を実質ゼロにすることを目標としています。今、温暖化への対応を「経済成長の制約やコスト」と考える時代は終わり、「成長の機会」と捉える時代になりつつあります。実際に、環境・社会・ガバナンスを重視した経営を行う企業へ投資する「ESG 投資」は世界で 3,000 兆円にも及ぶとされ、環境関連の投資はグローバル市場では大きな存在となっています。

「ESG」とは、環境(Environment)、社会(Social)、ガバナンス(Governance)の頭文字を取って作られた言葉です。近年では、この 3 つの観点から企業を分析して投資する「ESG 投資」が注目されています。

カーボンニュートラルとは、温室効果ガスの排出を全体としてゼロにすることを指します。温室効果ガスの排出を完全にゼロに抑えることは現実的に難しいため、排出せざるを得なかったぶんについては同じ量を「吸収」または「除去」し、差し引きゼロ、正味ゼロ(ネットゼロ)をめざすというものです。これが、「カーボンニュートラル」の「ニュートラル(中立)」が意味するところです。温室効果ガスには、CO_2 だけに限らず、メタン、N_2O(一酸化二窒素)、フロンガスなども含まれています。

製造業目線でのカーボンニュートラルに向けては次の取り組み内容に層別されます。

(1) 省エネ化の取り組み

- 既存設備の消費電力測定とコントロール……IoT 活用
- 設備投資計画に省エネ化の目標値を取り入れる。

(2) 再生可能エネルギーの活用

- 自社発電環境の構築　太陽光発電、バイオマス発電
- 電力会社供給電力に再生可能エネルギーを使用
  （水力、風力、地熱、バイオマス、太陽光）

(3) 大気中の CO_2 削減

- 植林
- CO_2 を回収して貯蓄

IoT 活用領域としては「既存設備の消費電力測定とコントロール」が対象となりますので、この内容について具体的に解説していきます。

① 既存設備の設備ごと消費電力の把握

設備の消費電力は基本、配電盤などの電源供給箇所で消費電力を測定していることが一般的です。これでは配電盤の総消費電力は把握できますが、設備ごとの消費電力は把握できません。設備ごとの消費電力をセンシングして把握することにより、まず設備ごとの消費電力量の把握を行います。最近はラズパイなどの低価格機器がありますので、設備ごとの電力量の測定が可能です。

② 設備ごと消費電力のコントロール

設備ごとの電力消費量が把握できましたら、電力消費量が多くかかる設備や電力消費量が高くなる箇所を分析します（**図 3.11**）。例えば、切削設備などは刃具を回転させる際に硬いときには電力消費量が高くなります。空調については夏や冬になると一定の気温を維持するために電力消費量が変化します。

電力消費が多い設備や電力消費量が大きくなる箇所を分析して、電力消費量を抑える対策を立案します。特に古い設備に対して新規の設備では電力消費量そのものが小さいこと電力消費量を抑えたコントロールを AI で行うことがありますので、省エネの観点でも新規設備導入を検討します。

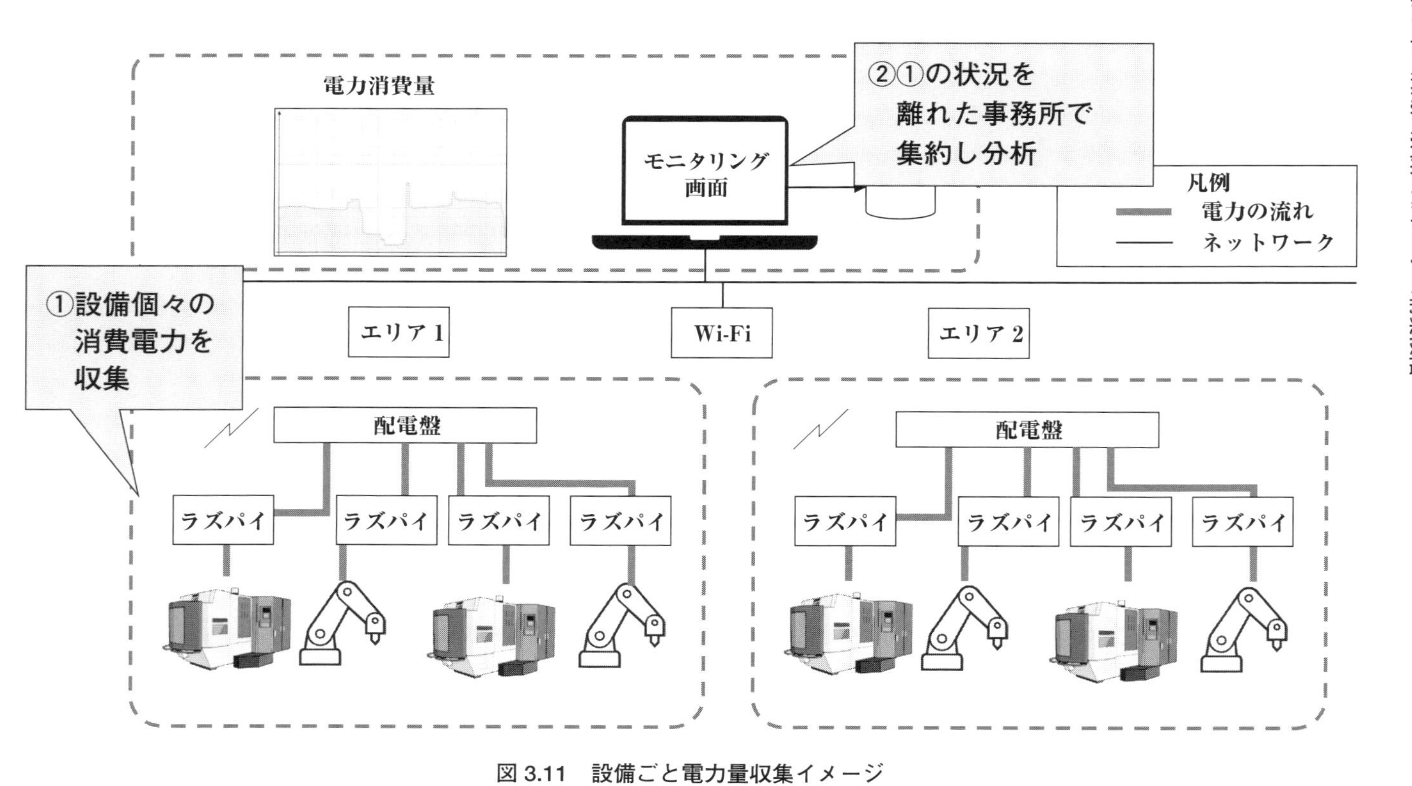

図 3.11　設備ごと電力量収集イメージ

(4) ESGの3つの観点

ESGの3つの観点は、以下のように整理できます。

① 環境(E)

二酸化炭素(CO_2)排出量の削減、廃水による水質汚染の改善、海洋中のマイクロプラスチックといった環境問題対策。再生可能エネルギーの使用や生物多様性の確保など。

② 社会(S)

適正な労働条件や男女平等など職場での人権対策。ダイバーシティ、ワーク・ライフ・バランス、児童労働問題、地域社会への貢献など

③ ガバナンス(G)

業績悪化に直結するような不祥事の回避、リスク管理のための情報開示や法令順守。資本効率に対する意識の高さなど

3.1.7 次世代生産管理システム構築に向けたIoTとの連携ポイント

Q39：IoTやAIを次世代生産管理システム構築に活かすには

IoTやAI活用の実証実験をしていますが、次世代生産管理システム構築にどうつなげればよいか教えてください。

A39：IoTの実績データ分析によるマスターの統合から始める

IoTの実績データ分析によるマスター(基本情報)の統合が先決です。その精度が確保できたうえで自動化ロジックを追求した生産管理システム構築につなげます。今年に入ってから老朽化した生産管理システムをDX(デジタルトランスフォーメーション)に追随するために再構築したいといった話を大手企業から聞くようになりました。中小企業においても生産管理のシステムがないためシステム化を図りたいがどう進めたらよいかと相談を受けます。

次世代生産管理システム構築の話になるとよく出るのが、ERPパッケージによるビッグバン適用というアプローチです。これはグローバルでシェアの高いERPパッケージに業務を合わせて一気に全社に展開していくという内容で

す。設備からつないだデータをIoTで自動収集し、集めた実績情報と計画情報を付き合わせてAIを使った需要予測により生産計画や生産順序の最適化計画を自動立案することがポイントとなります。

実際に現場に入り込んで業務の実態を確認していくといきなりシステムを導入する前にまず、システムを動かすためのマスター情報を整備する必要があることに気づきます。マスター情報には次の情報が含まれます。

(1)　マスター情報に必要な項目

次世代生産管理システムに必要なマスターは次の２つに分類されます。

① 従来型の生産管理システムに必要なマスター項目

② 自動化を追究するうえで整備する情報

(2)　従来型の生産管理システムに必要なマスター項目

① **製品、半製品、部品、材料の部品表(部品構成、必要数、手配単位)**

生産管理をするための品番にまつわる基礎情報

② **受注原単位(顧客、納入先、販売単価)**

受注を管理するための顧客と品番に紐付ける基礎情報

③ **手配原単位(仕入先、発注ロット数、購入単価)**

仕入先から物を手配するための仕入先と品番を紐付ける基礎情報

④ **在庫原単位(基準在庫数)**

工場や倉庫で在庫を保管するための在庫と品番を紐付ける基礎情報

⑤ **製造原単位(MCT、不良率)**

工場で生産をするための工程、設備、人と品番を紐付ける基礎情報

⑥ **物流原単位(荷姿、収容数)**

物を配送するための物流手段と品番を紐付ける基礎情報

(3)　自動化を追求するうえで整備する情報

IoTやAIをうまく活用するためには「(1)マスター情報に必要な項目」に加えて次のマスター整備が必要となります。自動化追求に必要なマスター整備は以下のとおりです。

《自動化追求のためのマスター整備》

① **製品および部品切替え情報(旧品番、新品番、適用開始日、計画から確定受注までの振れ幅)**

市場の動きに合わせた需要変動精度を高めるための商品の切替えや受注精度の情報

② **仕入先能力(仕入先在庫、仕入先能力)**

仕入先が供給できる在庫保有数、対応できる工程能力

③ **在庫保有能力(在庫数、在庫保有キャパシティ)**

自社で供給できる在庫保有数、今後在庫確保できる保有キャパシティ)

④ **工程能力(設備能力、人の能力、段替え能力、手直し率)**

自社の設備で生産できる工程能力、設備能力、人の能力(人員、スキル)、段替え最適組合せ、手直しなどのロス

⑤ **物流能力(配車、ドライバー、積載量)**

物を配送するための配車数、ドライバー、積載量

従来の生産管理では月単位の計画を立て、日々の管理は人間力に頼っていました。

今後は週単位⇒日単位⇒直単位の計画立案精度を高めていくことと、需要の変動に合わせて自社、仕入先、物流拠点がどこまで変動に対応できるかの能力を把握しておく必要があります。

(4) 次世代生産管理システム構築の進め方

次世代生産管理システム構築の手順は以下のとおりです。

《次世代生産管理システム構築の手順》

① **マスター情報の整備**

1) 従来型の生産管理システムに必要なマスター項目

2) 自動化を追究するうえで整備する情報

② **自動化システムを一部の製品で導入し評価**

③ **②で効果があれば全社に横展開を実施**

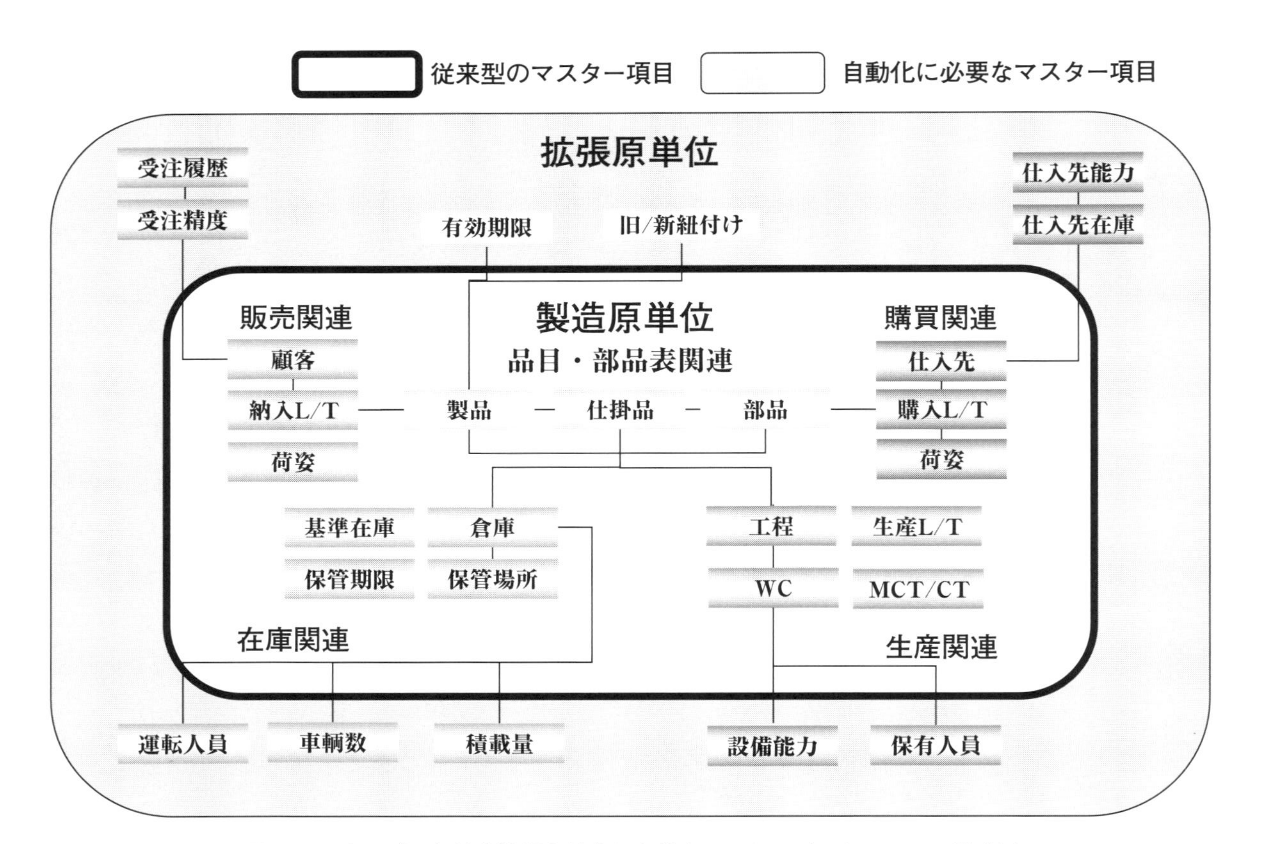

図 3.12　さまざまな基本情報を統合した統合マスターデータベースの構成例

マスター情報を登録しただけでは精度を検証することは難しいのです。そのため、マスターを工場やある商品で整備して「②自動化システムを一部の製品で導入し評価」で運用して実運用に耐え得る精度になっているかどうかを確かめる必要があります。精度が高ければ立案した計画の変更に工数をかける必要はありませんが、精度が悪いと計画を人が後で修正する工数が減りませんので効果が出てから③で横展開をしなければ失敗してしまいます。

パッケージシステムはいつでも全社で導入可能ですが、うまく使いこなす知恵がマスター情報となります。マスター情報は企業の熟練者の暗黙知の塊になりますので、これを形式知化することが理想のものづくりにつながります(図3.12)。

3.1.8　次世代生産管理システム構築の手順

Q40：パッケージシステムはどう組み合わせればよいか

会社の基幹システムが老朽化したこともあり、DXにより再構築を検討しています。個別に開発するのはリスクが大きいためパッケージシステムを活用したいですが、どのように組み合わせればよいでしょうか。

A40：生産管理パッケージ、工場IoT、サプライヤーポータルの組合せがベスト

最近は10年以上使い続けた基幹システム全体を再構築するプロジェクトが大手企業から中堅企業まで幅広く実施されています。既存のシステムはアセンブラやCOBOL、RPGといった大型汎用機、オフィスコンピューターのプログラム言語やVisualBasic、Javaといったクライアントサーバ、Web方式の汎用的なプログラム言語を中心に個別に開発しているケースが多くパッケージ利用は少なかったり利用していてもカスタマイズ／アドオンと言われる追加機能開発部分が多く、もともとのシステム機能の原型がほとんどなくなるケースがありました。

最近は生産系ERP(enterprise resource planning：企業資源計画)パッケージも豊富な導入事例から機能が充実しています。また、カスタマイズ／アドオ

ンといった追加開発に陥る部分をプログラム部品の組合せとパラメータ設定で対応できるようになってきています。そのため、ユーザ側もパッケージ導入を中心にした検討を実施しています。しかし、製造業においては今まで独自のものづくりを実施してきていることからどのようにパッケージを組み合せればよいか不安視する人も少なくありません。

私は製造業業務には、以下「(1)製造業業務の特徴」にあげる特徴があり、「(2)基幹システムのパッケージ適用方法」にあげるの組合せが最適と考えています。

(1)　製造業業務の特徴

製造業の業務はそれぞれといっても、次の特徴はどの業務にも共通する特徴です。

① 顧客との取引きは各社個別のフォーマットによる電子データで送付されてくる。

② 生産管理業務で管理するコードや属性項目は異なるが、主要項目と情報の種類は決まっている。

③ 仕入先は大規模から小規模まで多いことと自社と仕入先の調整業務が多い。

④ 社内の製造工程は自働化が急速に加速している。

(2)　基幹システムのパッケージ適用方法

製造業の業務には、上記のような特徴があるため、パッケージシステムの組合せは次のようなものが最適です(**図3.13**)。

① EDI(electronic data interchange：電子データ交換)パッケージ

② 生産系ERPパッケージ

③ サプライヤーポータル

④ 工場IoT(生産制御、構内物流制御)

「① EDIパッケージ」は顧客からの個別フォーマットの内示や確定受注のデータを自社フォーマットに変換して送受信、保存する機能です。

「②生産系ERPパッケージ」は受注管理、生産計画、購買管理、工程管理、

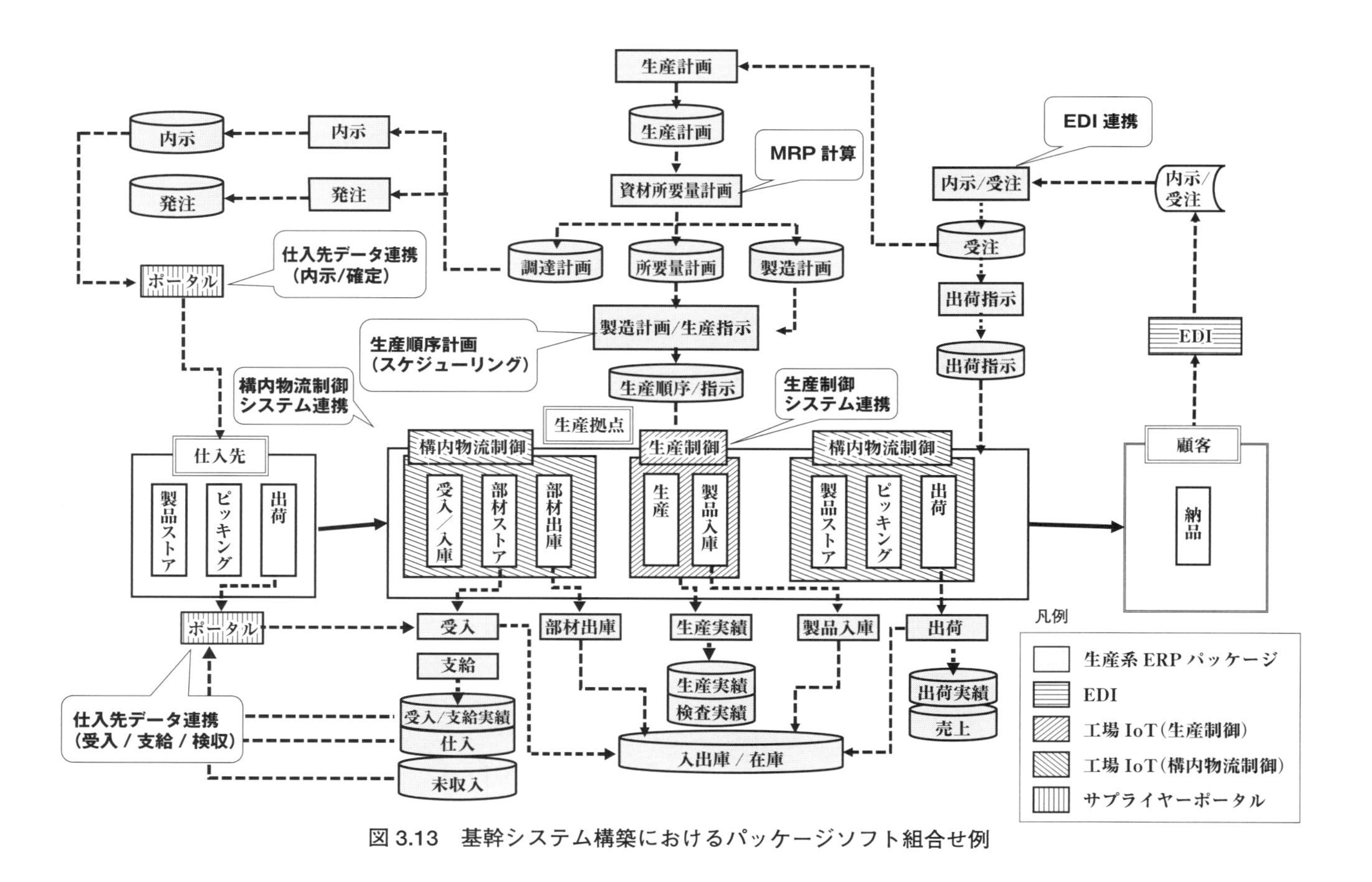

図3.13　基幹システム構築におけるパッケージソフト組合せ例

品質管理、在庫管理、出荷管理、債権管理、債務管理で構成されています。個別開発で難しい資材所要量計算(MRP)や生産順序計算(スケジューリング)の機能を有しています。生産順序計算(スケジューリング)については特価した高機能なパッケージ製品もありますので、そちらを利用するケースも多くあります。

「③サプライヤーポータル」は大小問わず多くの仕入先とやり取りしている取引帳票(内示連絡、確定注文、納品書、現品票、検収明細表など)を電子データで送受信したり共有する機能です。それに加えて、以下のような形で仕入先との間で電話やメールで都度調整していた業務を効率化する機能を利用するケースが増えています。

1)　問合せ対応の記録を残す、前回提示した情報からの増減の変化点がフレキシブルに見えるようにする。

2)　仕入先からの納期回答や搬入時刻を共有する。

3)　受入した明細と単価を掛け合わせた買掛金額が正しいか検収明細情報を共有する。

(3)　工場IoT(生産制御、構内物流制御)における基幹システムのパッケージ適用方法

工場IoT部分は次の生産制御と構内物流制御に大きく分けられます。

①　生産制御：製品の生産指示、良品、不良品の実績収集

②　構内物流制御：部材、製品

(4)　生産制御

従来は生産指示を紙で印刷し現場に渡して生産を行い、結果を生産日報に手書きしたうえで生産管理システムに人が入力していました。今は設備の自働化により無人で生産ができるようになってきていますので、上位の生産管理パッケージから制御システムへ生産指示の情報をデータ連携し、ライン制御システムから生産の実績情報(良品、不良品)を生産パッケージシステムへデータ連携する方法がとれるようになっています。

制御システムとのデータ連携にはSCADA(スキャダ)が使用されます。

SCADAは以下のような方法でデータ連携を実現します。

《SCADAによるデータ連携例》

① 生産設備を制御する制御機器のPLCに上位の生産管理パッケージからの生産指示情報を書き込む。

② 生産設備からの実績情報をPLC経由で上位サーバのデータベースに書き込む。

PLCのアドレスとデータベースの項目を設定によって紐付けることで連携させることができるため、SCADAを使った手法がとられることが多いのです。

(5) 構内物流制御

構内物流制御には、以下の2つがあります。

a. 部材：部材の入出庫に伴う在庫管理

b. 製品：製品の入出庫に伴う在庫管理

従来は受入した部材を人がフォークリフトや台車で部材置き場まで運搬してストアに物を置き、紙のピッキングリストを見てストアから人が台車で工程に物を運搬していました。製品もラインで生産された製品を人が製品ストアに入庫していました。

現在ではストアへの入出庫、ピッキング、搬送を以下のような方法により、製品の入庫情報を構内物流制御システムから生産管理パッケージへデータ連携がとれるようになっています。

1) 自動倉庫、自動搬送機

2) ロボットを使用して自働化

3) 生産管理パッケージからの部材の出庫指示をデータ連携

4) 部材の工程への払い出しを構内物流制御システムで自動制御

構内物流制御システムとの連携については次のシステムで連携をとっています(**図3.14**)。

5) WMS：倉庫管理システムとして、自動倉庫やストアのロケーションの管理を行い、物の入出庫にかかわる在庫の情報管理を行います。

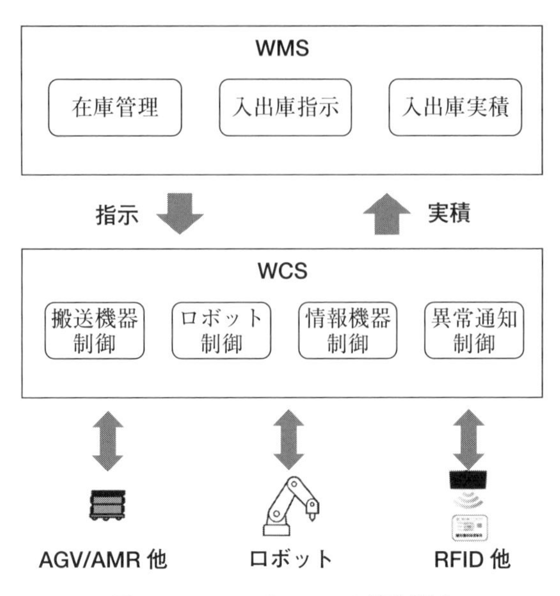

図 3.14　WMS と WCS の機能関連

6)　WCS：倉庫制御システムとして、WMS で管理している情報を受け取って、自動搬送機、ロボット、コンベアを制御します。

WCS はデバイス(自動搬送機、ロボット、コンベア)ごとに制御方法が異なりますのでまだ標準化されておらず、機器メーカーが個別に制御を行います。

WMS は管理項目を設定することにより、入出庫情報が管理できるようになっています。工場の場合は生産管理パッケージの在庫管理機能を WMS として使用して WCS と連携をしています。

このように役割ごとにパッケージシステムをうまく連携活用して基幹システム構築期間の短縮を図ってください。

3.2　解析・AI

3.2.1　ビッグデータ活用やAIがもたらす付加価値とは

Q41：ビッグデータはどう活用するとよいのか

IoTを業務に役立てたいと考えています。まずIoTで収集したビッグデータはどう活用するとよいのか教えてください。

A41：品質向上、生産業務改善、設備保全管理が一般的。最近は電力見える化がトレンド

IoTでビッグデータを収集しても、そのデータを活用する目的が明確でなければ役に立ちません。一般的には以下に述べる活用目的で収集するケースが多いのです(表3.3)。

(1)　品質向上

商品の生産から消費までの過程を追跡することをトレーサビリティと呼びま

表3.3　IoT活用業務体系

業務テーマ	手段	付加価値	適正価格	タイミング
設備保全	予知保全(予兆管理)、定期保全、予備品管理	○		
トレーサビリティ	ロット紐づけ、シリアル管理、製造条件収集、トレーシング	○		
エネルギー管理	エネルギー計測、CO_2排出量算出		○	
在庫低減	在庫モニタ(物流倉庫、中間品在庫、輸送中在庫)			○
品質改善	作業ナビ(スマートグラス)、遠隔指示(AR)	○		
品質管理	画像検査	○	○	
品質保証	不良要因解析、製造条件収集	○		
現場改善	生産情報統合管理、生産管理指標モニタリング	○	○	○
動作改善	動線分析		○	○
クリーン環境	防塵管理、防爆管理、ペーパーレス	○		

す。各工程で良品・不適合品の製造を証明するためのエビデンス情報として個体やロット単位の製造条件や検査項目の結果データの収集結果から項目の関連性を見て、良品／不良品の識別や不良発生の予測を行います。

(2)　生産業務改善

アンドン情報による工場操業状況の把握や生産管理指標算出により現場改善を定量的な目標値や具体的な原単位情報を利用して改善活動につなげます。

(3)　設備保全管理

金型ショット数などを把握することにより予知保全のための定期点検時期の精度向上につなげます。また、摺動部の振動値などの変化から故障発生を予知して故障発生を防止することにつなげます。

これまでは設備保全管理だけといった個々の目的のためだけに実施するプロジェクトが多かったのですが、投資対効果が出しにくいため、部分的な実証実験に留まるケースをよく聞きました。最近は上記すべての目的を俯瞰して相互に効果を出しながら進めて行くケースを聞くようになりました。

また、電力、ガス自由化の流れからか最近はエネルギーの見える化も行われています。例えば、自動搬送機や設備の電力量の変化を見て、最適な搬送や設備の動かし方をしているかどうかをチェックして、効率を上げていくといったものです。

しかし、「電力量の変化は見られても、最適な形に持っていくためにどうすればよいかがわからない」といった声もよく聞きます。実証実験をしなければ明確な答えに行き着けないの確かですが、やはり答えに近い仮設設定をして勝算がある状態で取り組むとよいでしょう。

Q42：AI(artificial intelligence：人工知能)で何ができるのか

AIで業務を改善したいと考えています。AIの研修を受けるとモデル技術がたくさんあり、自社の業務に何が効果的かよくわかりません。どんな手順でAI活用を進めて行くとよいか教えてください。

A42：やりたい業務に「どの技術が効果的か」「本当にAIが必要か」を明確に

AI(artificial intelligence：人工知能)については大手企業を中心にたくさんの実証実験がなされています。AIにはモデル技術がいくつかありますので、そのモデル技術を駆使して自社がやりたいことに対して効果的かどうかを検証します。現状では、AIの実証実験を行ううえで次の課題があります。

① AIのモデル技術の適用に対する設定、検証はツールの専門家の力を借りなければできない。

② ツールの専門家は顧客業務の深い所がわからないため、どんな項目をチェックすると効果的かの判断がつかない。

AIのモデル技術は「統計的手法」「機械学習」「ディープラーニング」の3つに大きく分けられます(**表3.4**)。

統計的手法は算出式が決まっていますのでその式に値を入れることで結果が

表3.4　AIモデル技術の種類と特徴

種類	特徴
統計的手法	観測データは解析的に記述可能な特定の確率関数から発生するものが前提。確率関数の形式と適用可能なデータに対して強い制約が発生する。また、線形応用性などのような固定的な構造を仮定していることから、学習データが多くても予測精度が向上しなくなってしまう現象を起こしやすい。逆に、学習データが少ない場合には、それが利点となり得ることがある。
機械学習(教師あり、なし)	教師あり学習は、学習データに正解レベルを付けて学習する方法。教師なしは学習データにラベルを付けないで学習する方法
ディープラーニング(深層学習)	確率関数に対して解釈的に表現できるような単純な構造を仮定しない。数学的な制約が少ないため細かくモデルを選定する手間はあまりない。学習用データが多ければ多いほどモデルの中の細かい構造がチューニングされ、予測精度が向上する性質をもっている。逆に学習データが少ないと大きな精度低下が起きてしまう。深層学習で必要とされる学習データの数は最低でも数万例といわれている。

得られます。サンプル数が少なくても結果が出るのが長所ですが、複雑なことには向きません。それに対し、機械学習、ディープラーニングはインプットと結果のデータを与えていくと自己学習してどんどん判断が明確になって行きます。

機械学習において、これまでは主に「教師ありモデル」と呼ばれる方法がとられていました。「教師ありモデル」では、合格と不合格のデータサンプルがかなりの数必要となりますが、精度の高い結果を得るために必要な不合格のサンプルデータを集にくいことがネックとなっていました。

しかし、最近は合格データだけでも精度が出せる手法が出てくるなど、機械学習は進化をとげています。

「AIを活用したい」という相談を受けて、話でよくよく聞くと、AIのモデル技術を使用しなくても実現できるケースもよくあります。

例えば、上限、下限値を見ていて範囲からはずれたら異常を通知してほしいというのが代表的なケースです。このような場合はAIのモデル技術を使用しなくても通常のプログラムや見える化のツール活用により実現できます。

他には「検査した値を見たら過去の合否の結果を見て総合的な判断をしたいと」いうケースもAIなしで実現可能です。これも複数の項目値により過去の合否のデータが台帳管理しているので、RPAのように判断業務を自動化することにより実現できます。AIの専門会社と話す前に見える化ツールやRPAなどが活用できないか情報収集し、総合的なサービス提供会社に相談していただくとよいと思います。

3.2.2　ラズパイ×OpenCV（物体識別AI）による在庫可視化のIoT活用事例

Q43：工具の在庫管理はどうすればよいか

金型製作においては、ドリルや刃具などの工具を多種大量に使用します。寸法違いは、見た目ではわかりにくいため、在庫保有に費用をかけておりますが欠品により手待ちがしばしば発生します。どうすればよいでしょうか？

A43：工具の2S(整理・整頓)と画像処理による在庫数の見える化が効果的

金型製作においてはマシニングセンターを活用して、多種のドリルや刃具の工具を設置して金属を切削加工します。毎回作成する物の寸法が異なるため、使用する工具の組合せは、その都度変わります。工具も1回の切削で使い切るものと研磨して再利用するものもあるため、工具の種類ごとに管理の仕方が異なります。

現場の方は一見わかりにくい寸法違いの工具をいつもおいてある置き場に行き、型番を見てメジャーで寸法を再確認して現場に運んでいます。しかし、欠品が発生すると置き場に行って探した際にないことで気づきます。そのため、手待ちが発生してしまいます。このような工具の欠品が発生しないように適用保有するには次の手順で進めるとよいでしょう。

《工具適用保有の手順》

① 購入実績を確認する。
② ABC分析をして適正在庫量を算出する(**図3.15**)。
③ 工具の配置図を作成する。
④ 工具の配置換えをする。
⑤ 画像解析により在庫数を見える化する。

《工具適用保有の手順》の①～③ですが、まず1年間の工具の型番ごとの購入実績を確認します。その型番ごとにABC分析をして、量と金額でABCに分けていきます(**図3.15**)。金額・量ともにAとなるものから改善をしていきます。大体在庫分析を行うと多品種少量の製造業では意外にも毎日たくさん使うものが不足しており、あまり使用しないものが余分になっている傾向があります。理屈上は逆だと思いますし、現場管理のレベルにもよりますが、実際に分析をするとそのような結果になることが多いのです。

在庫保有の数量を決めているのがその理由です。たくさん使用している場合、刃具を100個用意しても毎日30個使用すれば3日でなくなります。他に使用するものが日当たり数個のものと比較するとたくさん持っている感覚にな

	品　名	分　類	ランク金額	ランク数量
1	工具A	チップ	A	A
2	工具B	チップ	A	A
3	工具C	チップ	A	A
4	工具D	チップ	A	A
5	工具E	超硬エンドミル	A	B
6	工具F	チップ	A	B
7	工具G	焼き嵌めホルダ	A	C
8	工具H	超硬ドリル	A	C
9	工具I	スレッドミル	A	C
10	工具J	超硬HFラジアス	A	C

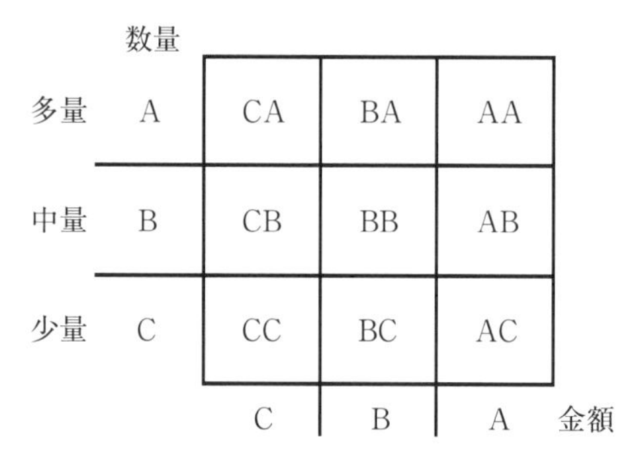

図3.15　工具のABC分析例

りますが、実際には不足しています。在庫量の算出は数量ではなく、在庫日数で算出して保有することが重要です。

改善する対象工具と適正在庫量が算出できたら工具の配置図を作ります。工具は寸法違いで似たようなものが多種存在しますので、寸法の順番に配置図をつくるとわかりやすいでしょう。購入実績から分析すると現在使用していない寸法の工具もあるかもしれません。その場合は「空席」表示をします。このような使い方をすると余分なスペースをとりますが、探す際には探しやすくなりますし、今後空き席の寸法の工具を使用するケースが出てくる可能性がありますのであらかじめスペースをとっておくほうがよいのです(**図3.16**)。

置き方がわかれば「④工具の配置換えをする」で配置をします。配置をする際には100円ショップにある事務用品の整理棚などを活用すると低価格ですみ

収納棚　※1カ所に約5本収納可能　　空き席

棚A							
		1列目	2列目	3列目	4列目	5列目	6列目
		D4		D5		D6	
		3D	5D	3D	5D	3D	5D
1段目	00						
	10						
	20						
	30						
	40						
2段目	50						
	60						
	70						
	80						
	90						

図 3.16　工具の配置図例

図 3.17　工具配置例(改善前)

図 3.18　工具配置例(改善後)

ます(図 3.17、図 3.18)。

《工具適用保有の手順》①～④の対応をすると現場を見ればどの寸法の工具がどこにあるか一目でわかるようになります。

次に「⑤画像解析により在庫数の見える化をする」を実施します。ここでは画像解析のためにOpenCVというオープンソースソフトウェアを使用します。このソフトウェアは画像から、ある特徴のある物体を認識して、その場所と数を知らせてくれます。OpenCVはオープンソースソフトウェアなので、誰でも無料で使用することができます。PC上で動かすこともできますし、一連のプログラムを作成すれば超小型PCのラズベリーパイ(p.79、Q&A32参照)に搭載して、接続したカメラで画像を撮影→物体識別の流れを手動で行えますし、定期的に実行することもできます。

まず、在庫の画像を撮影します(**図3.19**)。あらかじめ工具にはシールを付けておきます。そのイメージ画像を処理すると画像でシールを認識して認識した箇所にマークがされます(**図3.20**)。それに合せて認識した箇所の場所(座標軸)をOpenCVが返してくれます。

座標の位置から棚のどこの区画かをマスター項目として設定しておけば、どの工具の置き場にいくつあるのか算出することができます。その結果、棚のど

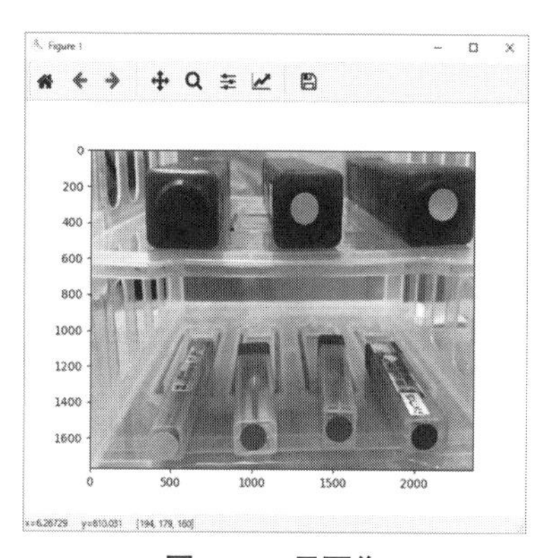

図3.19　元画像

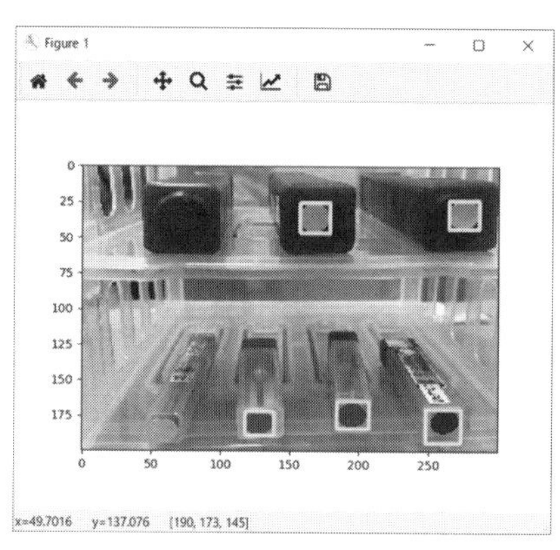

図3.20　物体識別後の画像

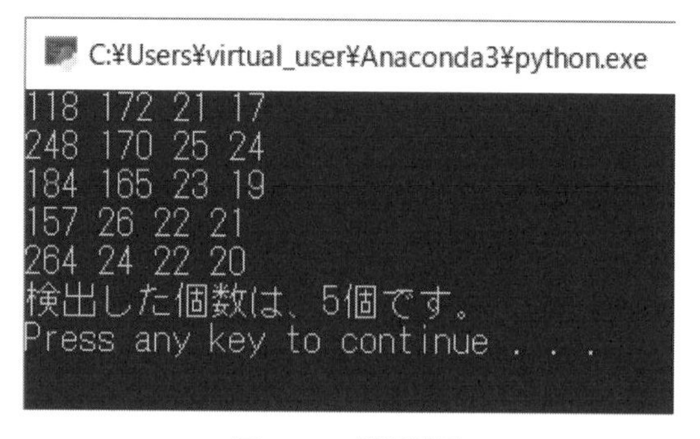

図3.21　解析結果

の置き場にいくつ工具の在庫があるか表示することができます(図3.21)。

見える化する際にも基本5本を置くルールにしておき、3個なくなったら補充するルールとすると2～3個は黄色、0～1個は赤色で表示するようにすれば、過不足がすぐに把握できます(図3.22)。

もちろんカメラで棚の写真も見られます。こうすることによい多品種少量の工具が欠品しないように不足したら適宜補充する運用が可能となります。

工具が揃っている環境ができることによって現場の方が製造作業に集中できるようになれば、現場モチベーションの向上にもつながります。

最後に補足ですが、物体識別後の画像を見ますと、左上と左下のシールの識別ができていません(図3.20)。これはシールの色がくっきり出ないため、認識されていないのです。シールについても識別しやすい色を使用するといった、認識率を向上させる工夫が必要です。またシールを採用したのはランニングコストが安いからです。1次元や2次元のバーコードを刻印する、RFIDチップを使用するといったケースもよくあります。しかし、そうなると投資額が大きく実現のハードルが高くなります。シールは100円ショップで何十枚と手に入りますので圧倒的にコストを抑えることができます。このようにお手軽IoTによるデジタルからくりを構築してぜひ現場管理向上につなげることも可能なのです。

		棚A					
		1列目	2列目	3列目	4列目	5列目	6列目
		D4		D5		D6	
		3D	5D	3D	5D	3D	5D
2段目	50	5	4	4	4	4	5
	60			4	3	3	5
	70	1	3	1	3	4	2
	80	4	5	0		4	5
	90		1	2	3	4	5

図3.22　在庫確認イメージ

3.2.3　ラズパイ×画像解析によるバルブの開閉チェック事例

Q44：バルブの開閉チェックを画像解析で行うには

バルブの開閉チェックを画像解析を使って行いたいのですが、どのように実現すればよいでしょうか？

A44：検知したい特徴点を明確にして検知することが認識率向上の近道

(1)　バルブ開閉管理の困りごと

研究設備では複数の気体を扱うため、ボンベから配管を通じて設備に気体を供給しています。そのため、設備で使用する際に配管に取り付けられたバルブを開けて使用し、使用後にバルブを閉める作業を人が行っています。気体の種類によって災害につながるケースがありますので、使用後にバルブを閉める管理をしっかり行う必要があります。今までは人が目視でバルブの開け閉めを見て、管理簿に記録する方法をとって目で見る管理をしていました。

しかし、このような箇所が100カ所を超えると管理が煩雑になってしまいます。工事業者に相談すると電磁弁を使用して遠隔で制御するとよいと提案を受けました。電磁弁を使用となると防爆タイプの場合、1個当り数万円することから100カ所にとりつけるには数百万から数千万円なる高額投資が必要となります。

ここでは、高額な投資を必要としない画像解析によるバルブの開閉検知の方法について説明します。何カ所かまとまっているエリアの写真を撮り、バルブの矢印の方向を画像解析して開閉の検知をする方法です(**図3.23**)。これは一度

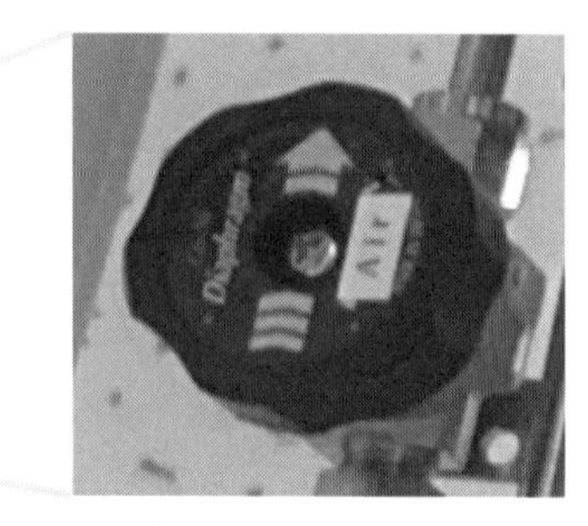

図3.23　気体の配管とバルブ

に複数個のバルブの写真を撮ることにより1個当たりの投資コストを抑えることができます。解析精度を100%保証できるかどうかがポイントになります。

(2)　画像解析による開閉検知

次の手順で画像解析を行いました。

①　ラズパイにカメラを設置

②　カメラで定期的に画像撮影

③　撮影した画像を解析し開閉を判断

④　開閉信号を画面に表示

ここではポイントになる「③撮影した画像を解析し開閉を判断」について具体的に説明していきます。

バルブの矢印方向の認識は、Q&A43で紹介した「OpenCV」を利用して行います。OpenCVの画像認識方式は主に次の5種類があります。

1)　カスケード分類器：あらかじめ用意した形状とマッチしているものを検出

2)　ハフ変換：直線や円を検出

3)　Canny法：図形の縁取りをして検出

4)　外接矩形：長方形、三角形、円などの図形を検出

5)　テンプレートマッチング：用意した画像とその位置を検出

これらの中から画像の検出精度の高いと言われているテンプレートマッチングやカスケード分類器でバルブの画像を用意してそのまま認識させてみましたがほとんど矢印と認識しませんでした。

そこで、「外接矩形」を用いて、バルブ中央部で2つに分かれている矢印の形を取り出し、それぞれの形の中心座標から矢印の向き＝バルブの角度を算出して、バルブの開閉を判断するようにしました。そうすると認識率が向上しました(**図3.24**)。

画像解析のポイントは形そのものを比較するのではなく、検知したい特徴点を明確にして、そこを検知できるようにすることが認識率向上の近道になります。結果的に矢印の形ではなく、矢印の角度を検知することに焦点を絞ることにより認識率の向上を図ることにつながりました(**図3.25**)。皆様も今後画像解析を行う際のヒントにしていただけますと幸いです。

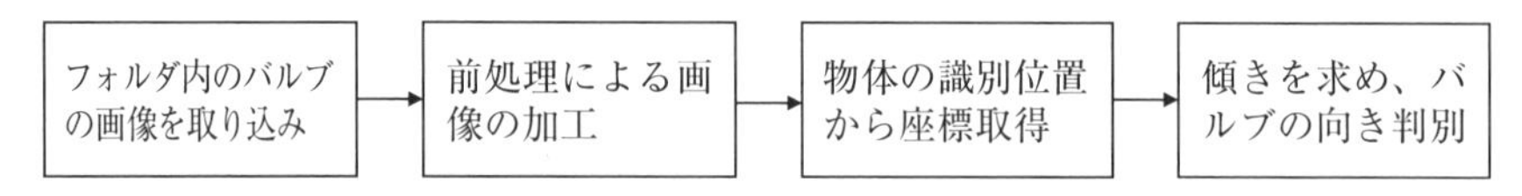

図3.24　解析の手順

画像	処理前	処理後画像	座標(X,Y)	傾き	判別	結果
画像1			[214.0, 250.5] [316.0, 140.5]	−4.8	バルブは開いています。	○
画像2			[180.5, 355.0] [273.0, 255.5]	−0.1	バルブは閉じています。	○
画像3			[215.5, 384.5] [363.0, 240.5]	−0.92	バルブが半開きになっている可能性があります。	○

図3.25　画像解析結果

3.2.4　ラズパイ×AIOCRで実現する電子生産日報化と設備保全管理事例

Q45：設備メンテナンス業務を標準化、効率化するには

設備メンテナンス業務を行っていますが、約20種類もフォーマットが存在し、紙で管理しています。システム活用により標準化・効率化をしたいのですがどうすればよいでしょうか？

A45：設備メンテナンスデータベース構築により業務効率化を図る

設備保全業務はどこの製造業でも実施していますが、自社で設備保全を行うと人員の確保が難しく委託するケースも多く聞きます。ここでは設備保全のメンテナンス業務を行う企業での点検業務の効率化について取り上げます。

(1)　業務上の課題

顧客の設備保全計画にもとづき、メンテナンス業務の引合、見積を行い、受

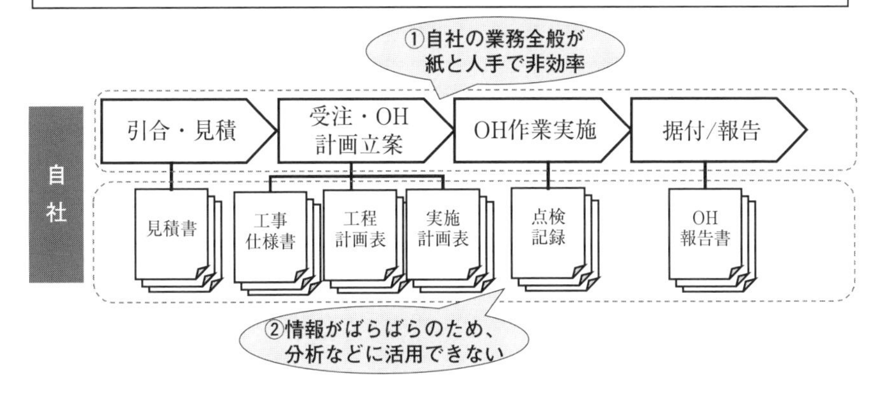

図 3.26　設備メンテナンス上の課題

注後オーバーホール(以下 OH)の計画を立て、作業を実施し顧客に報告をします。

一連の業務で使用する資料はすべて紙で管理をしているため、業務全般が紙と人手で非効率であり、情報がばらばらのため、分析などに活用できないという問題がありました(**図 3.26**)。

特に点検記録と呼ばれる点検結果を記録する書式が同じ種類の設備にもかかわらず顧客ごとにフォーマットで記録しているために約 20 種類存在していました。同じ点検項目でも配置や順番がばらばらになっているため、熟練した人でないとどこに何を記入してよいかわからない状態でした。

これらの課題解決を次の手順で行いました。

① 点検業務の可視化

② 点検項目の精査

③ メンテナンスデータベースの定義

④ 点検結果インプット方式の効率化

(2) 点検業務の可視化

まず点検業務の流れについて担当者にヒアリングを行い、業務フローにまとめました(**図 3.27**)。そしてその業務の中での具体的な課題抽出を行いました。

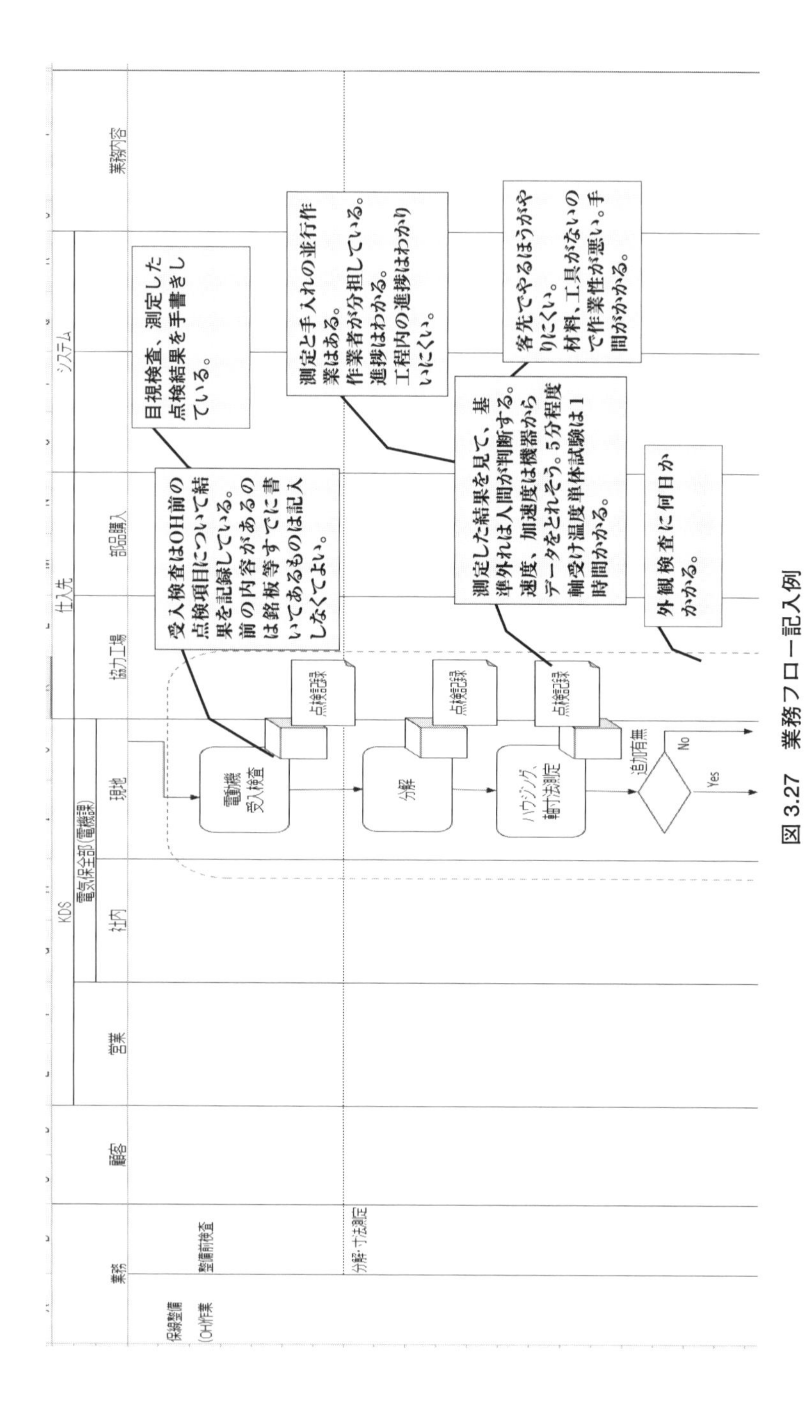

図3.27　業務フロー記入例

その中で記録がすべて紙管理されていることと、同じ設備で約20種類のフォーマットがあることがわかりました。

(3)　点検項目の精査

次に約20種類の点検記録の分析を行いました。20種類の点検記録表の項目の洗い出しを行います。最初は同じ項目でも言葉が異なるものがあるため、別々に表記します。その後、業務に熟練した方に確認して同一項目にまとめていきます。

このように点検項目をすべて洗い出すと約650項目になりました。項目の分類として基本情報、仕様、作業項目などに分けて層別しておくと見やすくなります。

項目を抽出した後、次の内容で精査を行い、以下のように印をつけて分類しました(図3.28)。

《抽出した項目の層別》

◎　管理上重要なため必須

○　設備保全として必要であるが顧客個別の項目

△　設備保全としてあまり重要でない項目

この観点で層別すると「◎管理上重要なため必須」の項目が全体の約6割になりました。さらにその中の項目を次の3つに分けました。

・基礎情報＝45、　・選択項目＝200、　・数値項目＝170

基礎情報は文字入力が必要な項目です。

選択項目はチェックだけで済む項目です。

数値項目は数字のみの記入項目です。

システム化する際に文字入力が必要な箇所は入力工数がかかりますが、選択項目や数値項目はいろいろと効率化の工夫ができる項目となります。分析結果から文字入力が必要な項目は全体の約7%にすぎないことがわかりました(図3.29)。

約20種類の点検記録書から項目の精査を実施

大分類	中分類	項目	単位	管理区分	備考	1	2	3	4
一般事項		御注文主		◎					
		御納入先		◎					
		件名		◎					
		注文番号		◎					
		工事番号		◎					
		プラント		◎	プラント、工場の記載があるが同じ	○		○	
		機番		◎	設備の機械番号	○			
		顧客担当者		△		○			
		施工業者 or 施工会社		◎	自社の名称		○		○
		(業者)点検者		◎	作業した人				○
		取外・受取年月日		△	作業工程別に記載する項目？	○			
		取付・納品年月日		△	作業工程別に記載する項目？	○			
		点検年月日		◎	点検を実施した日？完了日？		○		○
		工場		△	プラントに記載		○		○
		工程		◎	設備を使用している工程？		○	○	
		設備(名)		◎	用途と同じ意味に使われている		○	○	○
点検測定記録	(1)ｶｯﾌﾟﾘﾝｸﾞ・ﾌﾟｰﾘｰ ①外観点検 ②寸法測定	L側	良・否	◎		○			
		反L側	良・否	◎		○			
		処置後()値	mm	○		○			
		L側軸端部・ｶｯﾌﾟﾘﾝｸﾞ内径　径	φ	○		○			○
		L側軸端部・ｶｯﾌﾟﾘﾝｸﾞ内径　A		○		○			
		L側軸端部・ｶｯﾌﾟﾘﾝｸﾞ内径　B		○		○			
		L側軸端部・ｶｯﾌﾟﾘﾝｸﾞ内径　C		○		○			
		L側軸端部　セット	有・無	○		○			
		反L側軸端部・ｶｯﾌﾟﾘﾝｸﾞ内径　径	φ	○		○			
		反L側軸端部・ｶｯﾌﾟﾘﾝｸﾞ内径　A		○		○			
		反L側軸端部・ｶｯﾌﾟﾘﾝｸﾞ内径　B		○		○			
		反L側軸端部・ｶｯﾌﾟﾘﾝｸﾞ内径　C		○		○			
		反L側軸端部　セット	有・無	○		○			
		L側軸端部・ｼｬﾌﾄ　径	φ	○		○			
		L側軸端部・ｼｬﾌﾄ　イ		○		○			

図 3.28　点検記録表の精査

点検項目数は659項目あり管理上重要な項目は415項目
※次の内容でさらに精査が必要
- **設備の分類**
- **類似項目の共通化**
- **報告資料にない項目の重要度の再設定**

点検項目数	659

◎	管理上重要なため必須	415
○	設備保全として必要であるが、顧客個別の項目	240
△	設備保全としてあまり重要でない項目	4

基礎情報		45
点検項目	選択項目	200
	数値項目	170

図 3.29　点検記録表精査結果

(4)　メンテナンスデータベースの定義

「(3)点検項目の精査」までで、項目精査を行い約6割の点検項目に絞り込み、その中の属性を分析しました。結果的には、基礎情報＝45、選択項目＝200、数値項目＝170となりました。

分析結果から文字入力が必要な項目は全体の約7%で大半はチェックを入れるか数値を記入する項目となります。

点検結果の項目は対象設備により点検項目が分かれますので、点検項目のマスターと点検結果のテーブルは共通化しておく必要があります。そのため、**図3.30**のように項目をとるとテーブルの共通化と画面入力の共通化を図れます。

図3.30の例ではテーブルは「分類」「点検項目名」「点検結果(単位)」としています。マスターには「分類」「点検項目No.」「点検項目名」「属性(文字 or 数値 or フラグ)」「桁数」「単位」を持たせておきます。

そうすれば、点検結果のテーブルはマスターの設定を変えれば柔軟にデータを蓄積できます。また、画面レイアウトもマスターの設定内容を読み込ませれば、同一画面で入力できる共通画面を作成することができます。

(5)　点検結果インプット方式の効率化

次に点検結果を画面入力できないケースがあります。自社でメンテナンスができればよいですが屋外で実施する場合や、客先の現場で実施するケースもあ

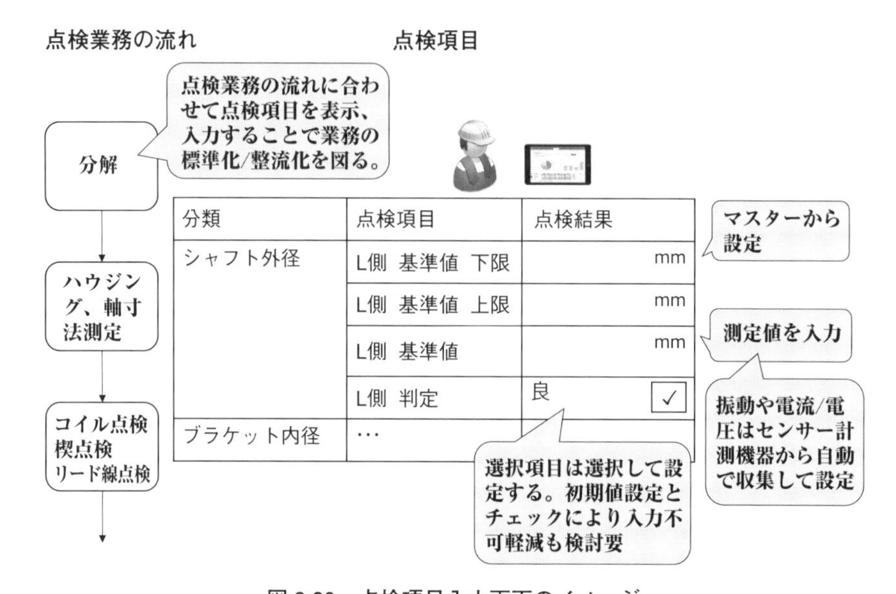

図 3.30　点検項目入力画面のイメージ

ります。このような場合は紙の点検シートを利用したほうがよい場合があります。その場合に AI-OCR の活用方法があります。

まず点検表を記入します。その点検表をカメラで撮影します。撮影した画像を AI-OCR でデータに変換します。このときに気をつける点を次に記述します。

①　OCR への変換は数字やチェックといった単純な範囲に留めておくと変換効率がよい。

②　変換後に修正する画面を使用して記入者または一括チェックできるようにしておく。

③　機械学習をして変換効率を上げる。

まず OCR へ変換する範囲を文字やアルファベットに広げると認識率が極端に落ちます。そのため、数字やチェックといった単純な範囲で変換効率が高い部分で使用したほうがよいです。

次に変換した結果の画像と変換したデータを見比べられる画面を用意しておくと記入者でもそれ以外の人でも修正ができます。変換ミスをしたデータを修正していき、機械学習をしていくとだんだん変換効率が上がっていきます。

ただし、癖のある読みにくい字を学習させると変換効率が下がるケースもあります。手書きの日報利用をしている時代でも読みにくい字を書いている外国人の方には毎日工場長がそれをチェックし、読みやすい文字を書いてもらうように指導していました。

このようなデジタル化をする際にもそのような指導は必要となります。いきなり自動化をするのではなく半自動化から始めるのがアナログ文化をデジタル文化に段階的に移行する方法の1つとして検討するとよいと思います。

Q46：手書き日報は是か否か

私はIT推進をしている部署ですが、現場では日々の生産状況を手書きで日報に記録しています。日報の電子化を提案したところ、工場長からは手書きで日報を記録することにより現場力が増すと言われました。手書き日報は続けるべきなのでしょうか？

A46：日報の精度向上のためにはIoTによる効率化が必要

私もこのような話を何回か耳にしました。日報は生産現場で働く人が毎日何をどれだけ生産したのか、設備停止は何回起こったかを腹に落とし、日々改善し、効果を実感するために手書きの日報をつけることを推奨する現場があります。

しかし、よくよく手書きの日報を分析すると次の問題があります(表3.5)。

• 外国人には文字の書き方の指導をする必要がある。

表3.5 手書き日報入力のメリット、デメリット

手書き日報入力のメリット	手書き日報入力のデメリット
✓手書きにより数字を覚える。 ✓数字を覚えることにより現状を把握でき、カイゼンの意識が芽生える。 ✓カイゼンすることでカイゼン効果による達成感が得られ、常にカイゼンの意識をもつことが定着する。	✓外国人には文字を正しく書く指導が必要 ✓5分以下のチョコ停は記録しない(手間がかかるため)。 ✓集計に時間がかかるオペレーターの入力の手間)。 ✓紙のムダが発生

- 設備停止など5分以上の停止は記録するが、それ以下のチョコ停は記録できていない。
- 作業者と別のオペレーターが週次で日報をExcelに打ち込み分析が遅れる。

現場の管理監督者は日々のトラブル対応に追われる毎日なのに、外国人には正や文字の書き方を指導するといった手間がかかる負担が発生します。チョコ停も「塵も積もれば」で改善効果が出ますが、そこまで対応できていません。日報から生産性や品質を分析するにしても対応が週次などで後追いになります。このようなことから現場の入力、集計の手間を防ぐためにタブレットやセンサーと超小型PCを使ったIoT活用が求められています。

Q47：日報電子化を定着させるにはどうしたらよいか

タブレット端末を利用した電子日報システムを現場に提供したのですが、使いにくく手書きのほうがよいと言われなかなか定着しません。現場の理解を得るにはどうしたらよいでしょうか？

A47：OCR＋AIによる手書き日報の文字認識活用により移行負担を軽減！

タブレット端末に日報を移行しようとしても入力項目のレイアウトが変わることや情報機器の操作が苦手、軍手着用ではペン入力がしづらいといったことから「ハードルが高く定着しない」という声もあります。

それを解消するために、まず手書き日報をそのままOCR(光学式文字読み取り装置)でテキストデータに変換する方法があります。そのテキストデータをシステムに取り込めば現場の作業者は今までの手書き日報をそのまま利用でき、変える必要はありません。オペレーターが手入力していた作業もある程度自動化でき軽減できます。これまではOCRによる手書き文字の読み取り精度が低いという問題がありました。

しかし、現在ではAIにより、個々人の手書きの癖を学習させて読み取り精度を向上することが可能です。これにより何度も読み取りをしていくうちに認識精度が高くなり、読み取り後の修正作業の手間が減るようになってきました。

まず、現場の日報データの集計や分析の効率化・迅速化から始め徐々に日報

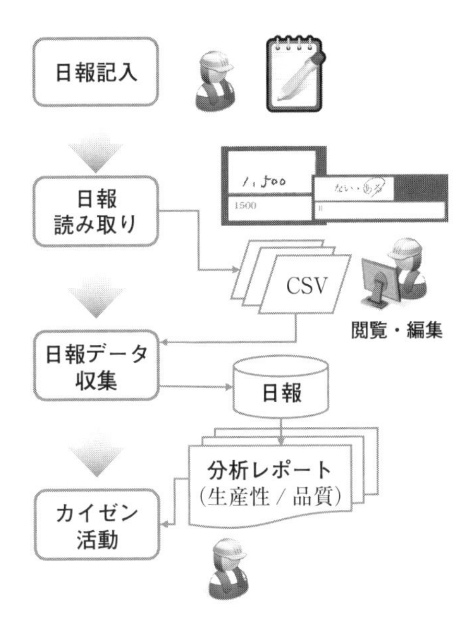

図 3.31 OCR ＋ AI による手書き日報データ収集の例

の電子化に移行していくことでIoTが現場の負担を減らして効果をもたらすというメリットを実感いただくことから始めるのも1つの方法です(図3.31)。

3.2.5 AIによる画像検査の方法

Q48：検査の省人化を進めるには

現在検査に工数がかかっています。省人化目的で画像検査を取り入れましたが、すべては自動化できず、省人化が進みません。検査業務改善のステップを教えてください。

A48：検査項目の棚卸しと業務改善を行い、そのうえで自動化にステップアップする

IoT化のプロジェクトを支援していると必ずといっていいほどテーマの1つに画像検査の導入が入っています。経緯を聞くとラインに必ず数名検査専門の人が張り付いているので画像検査で自動化して検査人員の無人化を目的として

実施しています。

しかし、検査の現場を確認すると以下のような問題があり、画像検査に置き換えが難しいことがあります。

① 生産現場が高温または低温

② 生産の際に油や水がかかる。あるいは、粉塵が付着する。

③ ラインが高速で検査が間に合わない。

④ 検査の対象物が大きくてカメラの台数がたくさん必要となる。

⑤ 寸法測定をしたいが、カメラで見えない箇所がある(場所、色)。

このような環境下では画像検査ですべての検査項目を自動化するのは困難です。

検査業務を改善するには、「業務改善の視点を変える」ことが重要です。

ほとんどの生産現場が余分な検査をたくさん行っています(**図3.32**)。これは昭和の時代から生産を続けていく中で、不良が発生すると再発防止策を講じる際に、多くの企業が試験やチェックの項目を増やしていく手法をとっていたです。ひどい場合には工程内で検査をしているのに、品質管理部門の担当者が特別検査工程で同じ検査項目をダブルチェックしているケースさえあります。

品質管理部門にヒアリングすると「特別検査工程で検査をしなければ不良が後工程に流出するので特別検査工程をなくす」ことはできないと言われます。ところが、よくよく確認するとそんなことはありません。検査業務の改善は次のステップで行います(**図3.33**)。

① 工程内検査、特別検査、最終検査のすべての検査項目を抽出する。

② 検査項目に重複がないか確認する。

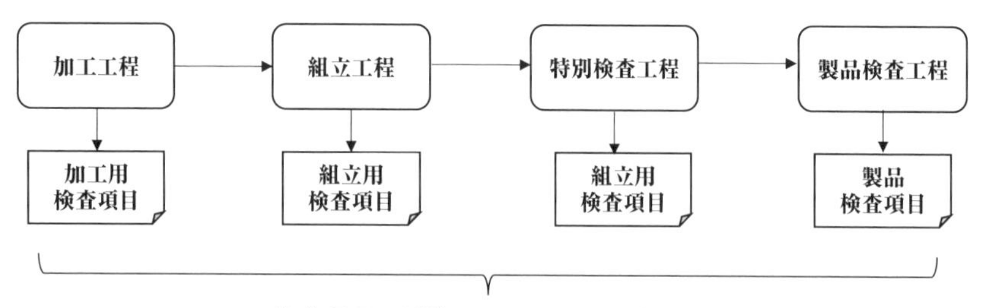

図3.32　検査業務上の問題

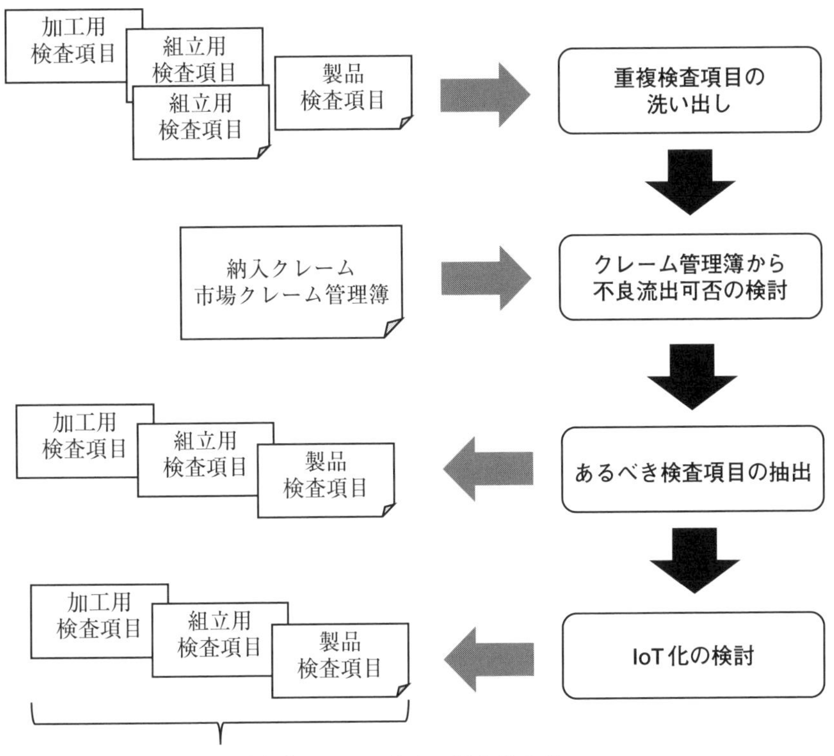

図 3.33 検査業務の改善ステップ

③ 過去の納入クレーム、市場クレームの不良流出の内容を確認し、どの検査工程で流出したのか確認する。

④ 検査項目の重複箇所含めて検査項目のあるべき項目を精査する。

⑤ あるべき検査項目に対しIoTでの対応策を検討する。

「①工程内検査、特別検査、最終検査のすべての検査項目を抽出する」では工程ごとに検査をして、最終工程で製品検査を実施していますが、その検査項目すべてを抽出します。次に2ではその検査項目の中で重複がないかまとめます。「④検査項目の重複箇所含めて検査項目のあるべき項目を精査する」では過去の納入クレーム、市場クレームの管理簿を企業では必ずまとめていますので、どの検査工程で流出を発見したか、検査工程で不良を発見できなかったのか確認します。ここで内容を分析しますと次のことが原因であることがよくあります。

1)　ラインの速度が高速なので、全品検査できず抜取検査となっている。抜き取った回数や頻度により発見が遅れる。

2)　材料に不良が発生しているが、仕入先責任のため自社で材料の品質チェックをしない。

3)　検査項目が多すぎてたまにポカミスが発生する。

4)「④検査項目の重複箇所含めて検査項目のあるべき項目を精査する」で検査項目の重複箇所のうち、ダブルチェックをしない抜取検査を行うタイミングをまず整理します。そうするだけで検査工数はだいぶ減ります。

③の納入クレームや市場クレームの対策で過剰検査となっている項目もあります。何年も品質管理部門のダブルチェック項目で不良が発生していなければ検査項目は削減可能です。

また「品質管理部門が検査したほうが、チェックが厳しくて品質がよくなる」とよく言われますが、これもまた問題です。検査は誰がやっても同じ結果が出るように検査を工程担当に実施させるのが、品質管理部門の役割です。作業を自分たちが実施していては自部門の業務目的を達成していないことになるのではないでしょうか。

IoT の登場は5つのあるべき検査項目に対し画像検査や製造条件のチェックを行うこととなります。結論としては検査業務改善での省人化は IoT 活用以前に改善余地は多分にあります。まずはここから着手していただきたいと思います。

Q49：イレギュラーの運用をどこまで考慮すればよいか

複数設備で構成するラインの情報を収集して不良判定をする IoT の導入を行っていますが、イレギュラーの運用をどこまで考慮すればよいのでしょうか。教えてください。

A49：あくまで情報の整流化を図り、想定されるイレギュラーの種類を洗い出して順次対応していく

IoT 導入のプロジェクトを行うと最初は単純にデータを集めて活用すればよいという話になります。しかし、検討を進めていくと後工程のデータが前工程のデータよりも先に来たらデータが欠落するのでどう処理したらよいか？」「直の切替えタイミングを自動切り替えするのか手動ボタン切り替えするのか」といった形でイレギュラーの運用ケースが出てきます。それらすべてに対応すると個々のイレギュラーケースに対して特別な処理が必要となるため、ソフトを実装するのに工数を要しますし、処理が複雑になって処理時間遅延につながってしまいます。

しかし、イレギュラーケースを想定しておかないと重要なデータが欠落してしまう事態や計算結果の精度の低下や間違いを引き起こしてしまいます。このようなイレギュラー運用を加味してうまく IoT 導入を進めるためにはどうすればよいのでしょうか。

次の手順で進めて行くとよいです（図 3.34）。

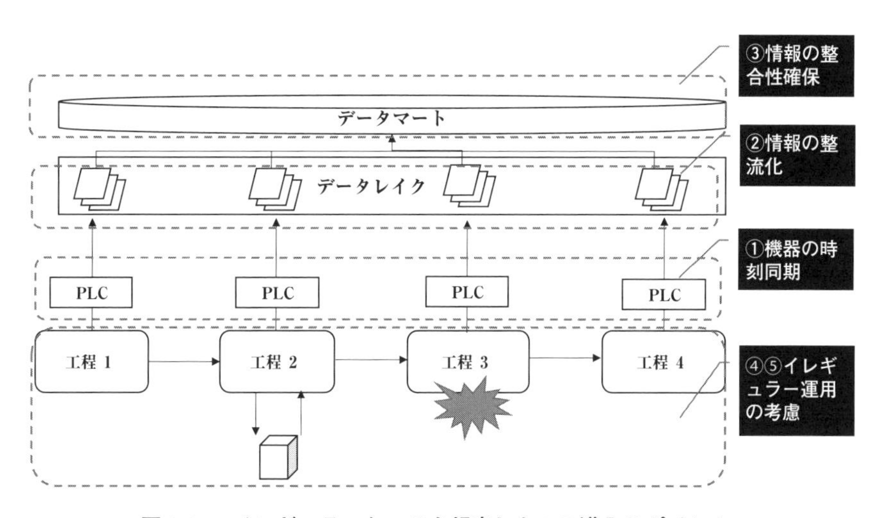

図 3.34　イレギュラーケースを想定した IoT 導入のポイント

《イレギュラー運用を加味したIoT導入の進め方》

① 複数工程の設備やPLC、PCなどの機器の時刻を同期しておく。

② 前工程から後工程の物の流れに合わせて情報の整流化をしておく。

③ データレイクとデータマートの目的に合せて情報の整合性を確保する。

④ イレギュラー運用ケースを物と情報の流れでまとめて検討する。

⑤ イレギュラー運用の発生の頻度を見てどうしてもシステム化必要な部分のみ対応する。

「①複数工程の設備やPLC、PCなどの機器の時刻を同期しておく」では、設備のPLCやPCの機器の時刻は一定期間経過するとずれてきます。時刻の同期とっておかないと物は正しく流れているのにデータ発生の時刻がいい加減になり、場合よっては物の流れと逆転することがあります。

これを防ぐためにすべての機器の時刻をNTPサーバと呼ばれる標準時刻の機器に合せておくことが重要です。

「②前工程から後工程の物の流れに合わせて情報の整流化をしておく」では前工程から後工程の物の流れに合せて各設備からのデータがサーバ上に流れていくようにしておきます。

物は10秒置きに流れているのにデータはある設備は10秒だったり60秒だったりとしておくと情報の流れが乱れてしまい、後で整合チェックのプログラムを走らせたりと余分な機能を追加していく手間が発生してしまいます。IoTで最も重要なのは物の流れと同期して情報も整流化することなのです。

「③データレイクとデータマートの目的に合せて情報の整合性を確保する」ですが、IoTではまず各設備から発生した情報をテキスト形式のファイルでデータレイクと呼ばれる共有フォルダに一旦格納します。

その後、活用目的に合せて構造化されたデータベースのデータマートに格納します。このデータマートと呼ばれるデータベースに格納する際に、工程の発生順にデータを取り込み、各桁の上下限のチェックや属性と呼ばれる数値項目に文字やN/Aなどの異常記号が入らないようにクリーニングしておくことが重要です。

情報は格納するタイミングで不純物のない状態にしておくと活用する際に余計な処理を追加しなくて済みます。高レスポンスで精度の高いデータ活用はこのデータマートに格納する際に気をつかっておくことが重要です。

「④イレギュラー運用ケースを物と情報の流れでまとめて検討する」では、ここまで対応しておいた状態で、物と情報の流れを整理します。途中工程で物が跳ね出されて再投入されるケースや設備トラブルで長時間止まった場合、機器が誤ったデータを送ってきたといった異常対応を考慮するのです。

異常対応は復旧するのにそれなりに時間を要します。したがって、システム機能で対応するのではなく、その都度の対応で済むケースがほとんどです。物の跳ね出し再投入については発生の頻度を見て、どうしても迅速な対応が必要な物のみ処理を実装しておけばよいのです。

以上の手順で進めておけば、イレギュラー運用にも柔軟に対応できるIoT導入が可能になります。

Q50：画像情報をAIでどこまで判断できるのか

生産過程の物の画像をカメラで撮影して保存しています。キズなどの不良があるかどうかをAIで判断したいのですが、どう実現すればよいのでしょうか？

A50：画像情報の蓄積により学習が可能。ただし、不良サンプルの準備が重要

最近は製造過程の画像を取得する事例が増えてきました。画像はさまざまな用途に利用が可能です。例えば、以下のようなことに画像は利用されます。

《AIによる画像情報の利用》

- 存在有無の把握
- 数を数える。
- 位置決めをする。
- 測る。

- コード内容を読み取る。
- 位置決めをする。
- 測る。
- OCR（文字認識）
- 良否判定

上記の《AIによる画像情報の利用》の下に行けば行くほど、画像情報の高度な活用方法になります。

これだけ用途がありますので、「画像を蓄積しAIで自動的に処理ができるといい」というような漠然としたニーズが多いのです。

官能評価は人間の感覚（視覚、聴覚、味覚、嗅覚、触覚など）を用いて製品の品質を判定する検査です。ここでは、人間の視覚に頼った検査におけるAI活用例について説明します。

例えば、食品などにおいては製品を人が見て色違いや細かい不具合に対し、良品、不良品の判定を行う例が少なからずあります。その際には良品サンプルと呼ばれる画像や製品そのものを比較して検査員が判定を行います。この検査は誰でもできるものではないため、検査員も限られることからこの検査がネック工程になることがよくあります。

ここではディープラーニングによるAIを活用した画像検査について説明します。

ディープラーニングはAIの手法の1つです。多層構造を持つニューラルネットワークから結果を導き出す機械学習の手法となります。画像処理、音声処理、言語処理分野で目覚ましい成果をあげており、画像認識分野においては人間の認識能力を上回るといわれています。

しかし、学習済みモデルを作るまでにたくさんのサンプル画像が必要であることと、プログラミング知識を持った技術者が必要なことからハードルが高いといわれていました。しかし、最近はプログラミング知識のないユーザでも学習済みモデルを作れる道具も出てきており、徐々に利用しやすくなってきています。

手順は以下のとおりです（**図3.35**）。

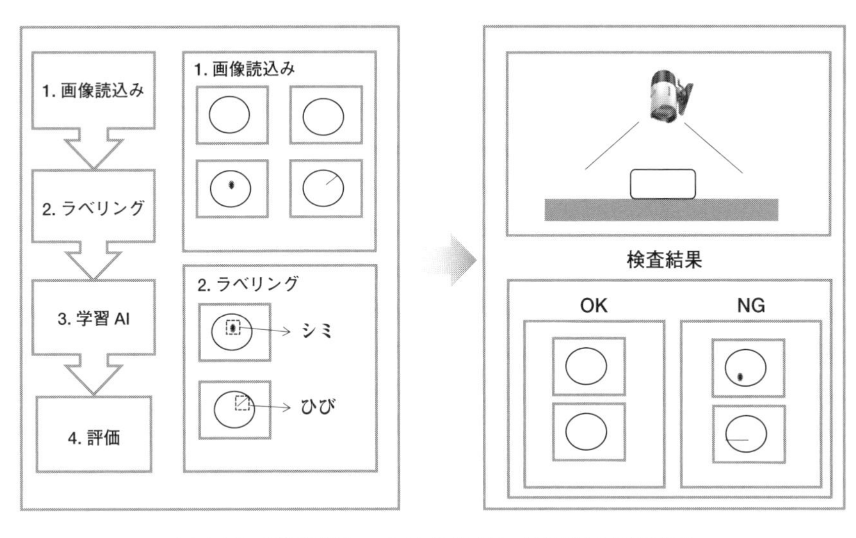

図 3.35 官能評価への AI を活用した画像検査活用例

《ディープラーニングによる AI を活用した画像検査の手順》

① 画像を読み込む。

② ラベリングをする。

③ 学習する。

④ 評価する。

(1) 画像を読み込む

まず画像を読込みます。

(2) ラベリングをする

「(1)画像を読み込む」で読み込んだ画像の中で欠陥部分となる箇所をマークし、不具合事象をつけます。例えば食品の場合、「亀裂」や「色不良」といった箇所にマークをします。(1) (2)の手順を何度も繰り返します。

(3) 学習する

「(1)画像を読み込む」「(2)ラベリングをする」の手順を何度も繰り返したう

えで、AIに学習させます。

(4)　評価する

「(3)学習する」の学習済みモデルを利用し、未知の画像を使用して検査を行います。

この方法を繰り返していくことにより、学習の精度が高まります。ここで重要なのは不良の画像サンプルの収集とラベル付けです。現在はCNN方式という画像処理アルゴリズムでの利用例が増えています。すぐには賢くなりませんので、継続した実証実験により運用可能なレベルに移行することをお勧めします。

3.2.6　設備保全の高度化とデジタルツインでの実現方法

Q51：設備保全管理にIoTを活用し高度化するには

設備保全管理にIoTを取り入れた高度化を検討しています。今までの保全方式を生かしてどのように進めていけばよいか教えてください。

A51：IoTによる統合データ基盤を構築し、TBM＋CBMを実現する

設備保全管理にIoTを取り入れて高度化を図りたいというお話をよく聞くようになりました。しかしながら、設備保全を行っている業務担当者はIoTの活用により、設備保全業務の何が大きく変わるのかよく理解していないと感じます。設備保全管理にIoTを取り入れた場合の業務上の大きな変化点は「TBMだけでなくCBMが実現できる」ことです。

TBM(time based maintenance：定期保全)は故障の有無に関係なく定期的にメンテナンスを実施します。一定の間隔でメンテナンスし対象の部品を交換することにより、故障による設備稼働率の低下や計画外の操業停止を回避し、設備の耐用年数延長の実現を図ります。

一方、CBM(condition based maintenance：状態基準保全)は劣化傾向を管理し、故障にいたる前の最適な時期に最善の保全を行います。

今まではTBM中心の保全になっていることが多く、IoTにより設備の各種

センサーからセンシングして設備の部位の劣化状況を把握することが可能になることにより、CBMが実現できるようになります。

保全計画立案の手順の例では設備保全計画を立案する際には、まず設備品目ごとに構成品を明確にします(図3.36)。その構成品に対してFMEAを行うことにより故障モードと影響度を明確にします。そして、その故障を防止する方法として保全方式、保全作業、保全間隔を決めていきます。

図3.37の場合Oリング、フィルター、ケーシングは一定期間で検査や定期交換を行いますので、TBMとなります。それに対して、モーターは状態監視をして、状態に応じて交換を行いますので、CBMとなります。このようにTBMにCBMを加えることが、設備保全のレベルを上げていくことにつながります。

IoTでセンシングする際の項目としては設備保全に必要な情報のみを収集しても設備保全管理にしか役立てることができません。そのため、投資対効果が少なくなってしまいます。活用目的を生産管理や品質管理もセンシングする際の項目に加えておくと投資対効果が得られるようになります。

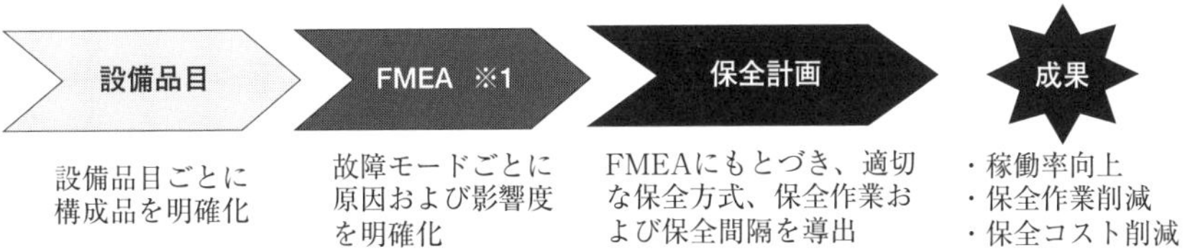

設備品目	構成品	故障モード	影響度	保全方式	保全作業	保全間隔
電動式油圧ポンプ	ヒューズ	溶断	小	事後保全	—	—
	Oリング	漏れ	中	予知保全	目視検査	3カ月ごと
	フィルター	目詰まり	中	予知保全	定期交換	1年ごと
	ケーシング	き裂	大	予知保全	非破壊検査	2年ごと
	モーター	焼付き	大	予知保全	状態監視	(閾値超過時)

※1 Failure Mode and Effects Analysis：故障モード影響解析

図3.36 保全計画立案の手順

IoT化の肝は活用目的に合せたデータ収集の実現になります。そのため「目的に必要な収集項目の整理」「収集サイクルの定義」「客観的なチェックによる漏れ抜けの防止」が必要です。

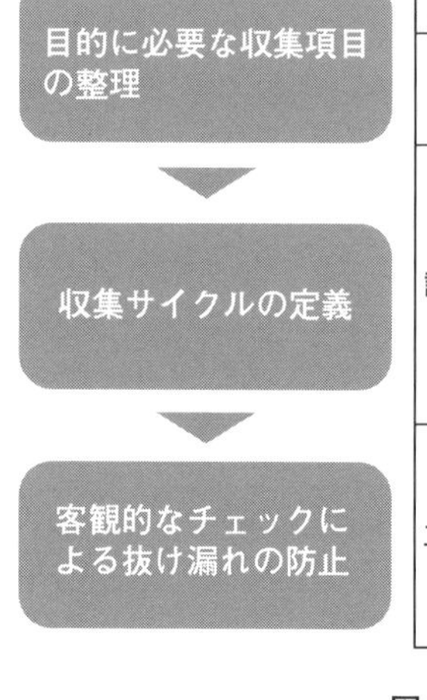

	収集項目	利用目的	単位	収集間隔
人	CT	生産管理、トレーサビリティ	秒	1サイクル単位
	作業位置	生産管理、トレーサビリティ	座標	1サイクル単位
設備	MT	生産管理、トレーサビリティ	秒	1サイクル単位
	熱処理温度	トレーサビリティ	度	秒 or 分
	熱処理時間	トレーサビリティ、予知保全	秒 or 分	秒 or 分
	停止時間	生産管理、予知保全	秒 or 分	秒 or 分
	稼働時間	生産管理、予知保全	分 or 時	分 or 時
工程	生産ロット	トレーサビリティ	—	1サイクル単位
	MCT	生産管理、トレーサビリティ	秒	1サイクル単位
	生産数	生産管理、トレーサビリティ	個	分 or 時
	不良数	生産管理、トレーサビリティ	個	分 or 時

図3.37　IoT収集項目整理の手順

収集項目整理の手順は「目的に必要な収集項目の整理」「収集サイクルの定義」「客観的なチェックによる漏れ抜けの防止」となります。**図3.37**「IoT収集項目整理の手順の例」では熱処理温度はモニタ(品質管理)の目的となり、熱処理時間はトレーサビリティと予知保全の複数の目的となります。

このような形で「生産管理」「品質管理」「設備保全管理」それぞれの目的に必要な項目を整理することが重要です。

Q52：メンテナンスを適切に実施するには

3Dプリンターを販売しているのですが、顧客にある稼働状況を見てメンテナンスを適切に実施するにはどうすればよいでしょうか。

A52：メンテナンス部品表システムと設備情報監視でデジタルツインを実現する

最近はメタバースという言葉をよく聞くようになりました。コンサートなどのイベントを仮想空間で行い、そこにアバターの自分が参加できるというような利用方法が多いようです。まだゲームやイベント利用が多く、これを製造業に活用する際にはデジタルツインの実現となります。

デジタルツインとは、仮想空間に現実空間の情報を転写して分析などを行って現実空間をコントロールすることをさします。3Dプリンターの顧客の稼働状況を見てメンテナンスを適切に実施する設備保全管理を例にとって説明します(図3.38)。

まず顧客に設置してある3Dプリンターから稼働時間、温度、振動値などの情報を定期的に収集します。それをネットワーク経由で稼働状況として蓄積します。事務所ではその蓄積されている稼働状況を見て、3Dプリンターのどの部位が劣化しているか、異常になっているかをモニタリングできるようにしておきます。

劣化については定期的にトレンドグラフで状態を見て判断したり、閾値を超えた場合はNGとして異常通知がされるようにしておきます。

劣化や異常が検出されたら事務所の担当者がメンテナンス部品表を確認して、どの部品を交換すればよいかを確認します。確認した後は部品交換のスケジュールを立案し、交換指示を設備保全担当者に指示します。設備保全担当者は事務所の担当者からの交換指示を受けて顧客に設置してある3Dプリンターの部品交換を行います。

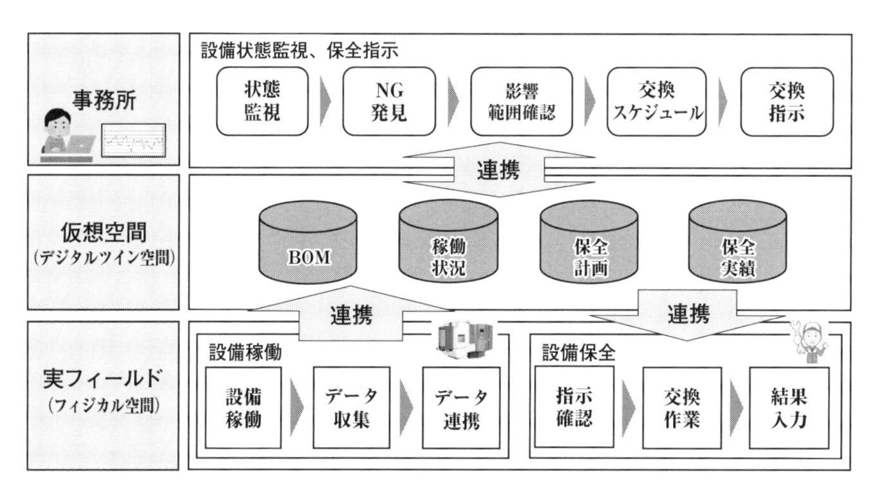

図3.38 デジタルツインによる設備保全管理の運用例

製造業の設備保全管理はこれまでTBM(定期保全)が中心とされてきました。そのため、定期的に部品を交換し、設備を分解清掃するといった保全工数がかかっていました。IoTの活用により、設備の稼働状況データを収集し、メンテナンス部品表システムに連携することにより実際の稼働状態をもとにしたCBM(状態基準保全)が可能となります。この方式により次のメリットがあります。

① 現場設備の稼働状況の中央監視が可能となる。

② 設備稼働の乱れから適切な保全計画を立案できる。

③ 設備保全の管理体制強化と保全費削減を両立することができる。

設備の情報収集をするにはラズベリーパイを利用したセンシングを行うことで低コストによる収集が可能となります(図3.39)。ラズベリーパイは無線での通信も可能となりますので、たくさんの設備個々につけたセンサーの情報を定期的にネットワーク経由のサーバに通信することができます。

ぜひデジタルツイン環境を構築することにより、設備保全管理の効率化につなげてください。

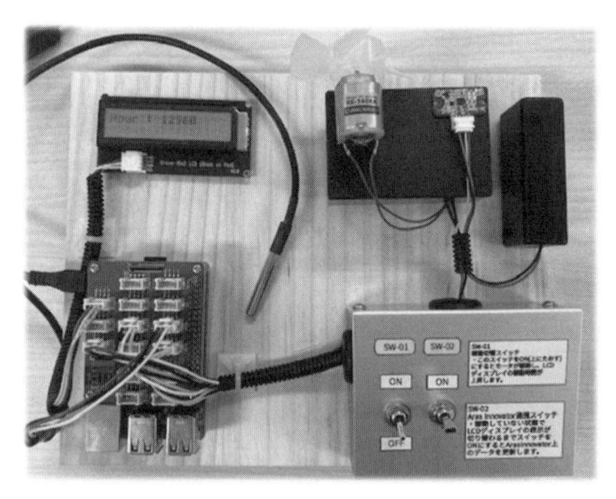

図3.39　ラズベリーパイを使用したセンシング例

3.2.7 機械学習による故障予測・異常検知

Q53：故障予測・異常検知のシステムの導入どのようにするか

新型コロナウイルス感染症対策で増産対応に追われております。設備稼働率向上を図るために機械学習による故障予測・異常検知のシステムを導入したいのですが、どのようにすればよいか教えてください。

A53：新規設備導入できるラインから始めるのが、現実的

新型コロナウイルス感染症の蔓延により、大半の業種にはダメージがありますが、一部の業種では逆に特需で増産対応に追われるケースもありました。自粛騒ぎが落ち着いた後に高負荷と猛暑による夏の電力不足を懸念して備蓄を進めている企業も少なからずあります。

そのような企業では機械学習による故障予測、異常検知を進めて予知保全を実現したいとのニーズがあります。ここでは機械学習による故障予測・異常検知の方法について具体的にどのような手法で故障予知を行うのか、その際の注意点は何かを解説します。

(1) 異常検知とは

異常検知とは、計測値を機械学習させることにより異常な状態を検知するための手法です。例えば、通常とは異なる動作や音などは異常検知の対象となります。

異常検知は、機械学習を用いることで、さまざまな場面で応用されており、産業機械の稼働状況や画像による製品異常の検出などにも利用されています。また、異常の有無を検知するだけでなく、現在ではデータ分析を行うことによる故障予測も可能です。

(2) 異常検知の前提（IoT/AI 活用）

異常検知に IoT や AI をなどの予知保全システムの構築を検討する企業は増加傾向にあります。IoT や AI を導入するうえではデータの計測が欠かせません。予知保全システムでは、まず対象となる設備にセンサーを取り付けること

で、状態を把握するためのデータの計測を行います。

その後、IoTを使ってデータを収集し、そのデータに関してAIなどで解析を行うことで、故障や不具合を事前に察知することが可能となります。

IoTやAIは、現場で計測したデータを有効活用する技術であるため、高精度な計測が求められます。計測したデータの精度が低いと、IoTやAIを導入したとしても期待どおりの成果が出ません。そのため、IoTやAIの活用を考えるのであれば、高精度なデータの計測が行えることが前提となります。

(3)　機械学習による故障予測／異常検知の流れ

予知保全の目的は、大きく分けると「異常検知」「要因解析」「寿命予測」の3つです。

これらについては、常にこの順番で解析を進める必要があります。つまり、「寿命予測」をするためには、まず「異常検知」、次に「原因診断」といった手順を踏んでいくのです。そして、それぞれの段階で、目的に応じて最適な解析手法を活用する必要があります(図3.40)。

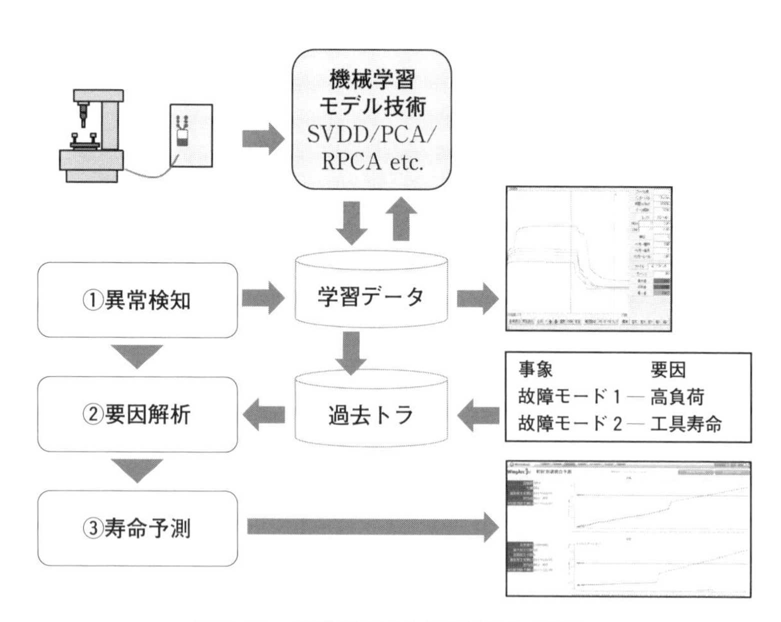

図3.40　機械学習による異常検知の流れ

① 異常検知

異常検知は常に収集しているセンサーからの計測値を分類し、クラスタリングして層別していきます。

例えば切削工程において、ドリルで金属を削る際の負荷と振動情報を連続して収集していく中で波形が描かれます。その波形がある時点で著しく異なる場合に異常との判断ができます。

② 要因解析

異常がわかった次のアクションで異常がなぜ起こったからの原因を知る必要があります。これについては過去トラ(トラブル)と呼ばれる過去の故障モードに対する今回の異常との紐付けを機械学習データで紐つけることにより瞬時に要因解析ができます。

例えば、「①異常検知」で述べた波形が著しく変化した場合に過度にドリルに負荷をかけたのが原因なのか、それともドリルの使用頻度が高くて劣化が進んでいるのかといった判別をすることになります。

③ 寿命予測

連続して運用していく過程の中で寿命がいつになるのか判断することができます。これもクラスタリング手法がよく使われますが、学習データより寿命がどれぐらいでくるのか判断していけます。先程の例でいけばそろそろドリルが寿命になるとわかれば破損する前に交換することにより、長期停止の防止が図れます。

(4) データが十分にない場合の異常検知手法

設備の異常は、頻繁に起きる可能性が低いため、過去のデータが十分にない場合もあります。このようにデータが不足している場合に用いられるのが「教師なし学習」です。教師なし学習とは、AIが与えられたデータから規則性を発見し、学習を行っていく機械学習の手法です。教師なし学習で代表的な手法は、SVDD、PCA、RPCAの3つです。それぞれの手法に関して解説していきます。

① SVDD

SVDD(support vector data description)は、1クラス分類を目的とした教師

なし機械学習法のことです。1クラス分類は、学習時に少数派クラスのサンプルがほとんど得られない場合に有効です。そのため、SVDDは、異常の実例があまりないデータでもうまく機能します。2つのデータの間のある種の類似度を表す関数であるカーネル関数を使用することにより、「通常」の領域、異常検知においては正常な状態の領域を柔軟にモデル化することが可能です(**図3.41**)。そのため、設備予兆診断の識別などに用いられることもあります。

②　PCA

PCA(principal component analysis)は、主成分分析と呼ばれるデータ解析手法の1つです。PCAは、いわゆる次元削減を行っています。次元削減とは、多次元からなる情報を、その意味を保ったまま、それより少ない次元の情報に落とし込むことです。負荷と振動のグラフから寿命が長いという次元を表すときに2次元から1次元に次元を落とし込むことができます(**図3.42**)。

PCAでは、データの持つ情報をできる限り損なわず、データ全体の雰囲気を可視化することが可能です。PCAによる異常検知は、正常なデータの領域(通常状態)を規定して、それを逸脱するデータを異常と判定します。異常検知の他にも、パターン認識などさまざまな場面に適用できます。

③　RPCA

RPCA(robust principal component analysis)は、堅牢な主成分分析と呼ばれるデータ解析手法の1つです。PCAの統計的基準を修正したものであり、他のデータと大きくかけ離れたデータに対しても適切に機能するのが特徴です。用途としては、異常検知・画像処理などに使用されています。

RPCAは入力された行列を低ランク行列とスパース行列の2つに分類する教師なし機械学習法の1つです(**図3.43**)。

低ランク行列とは少数のパターンが繰り返し出現する行列です。

スパース行列は同一パターンがめったに現れないような行列となります。プレスの音から雑音を除去するために、プレス時の音は定期的な低ランク行列となります。それに対し雑音はスパース行列となりプレス音と雑音を分離することができます。

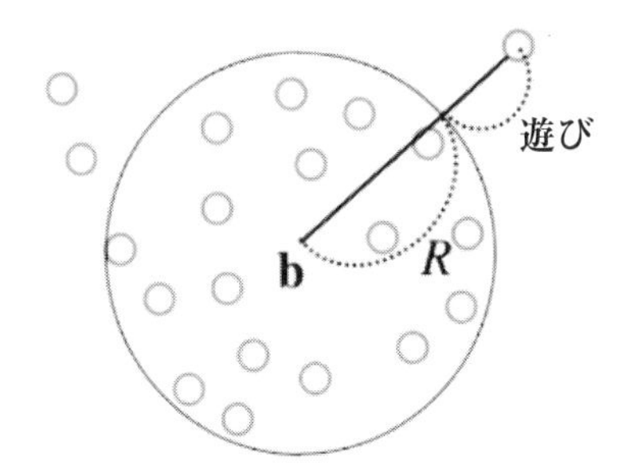

図 3.41　SVDD のイメージ

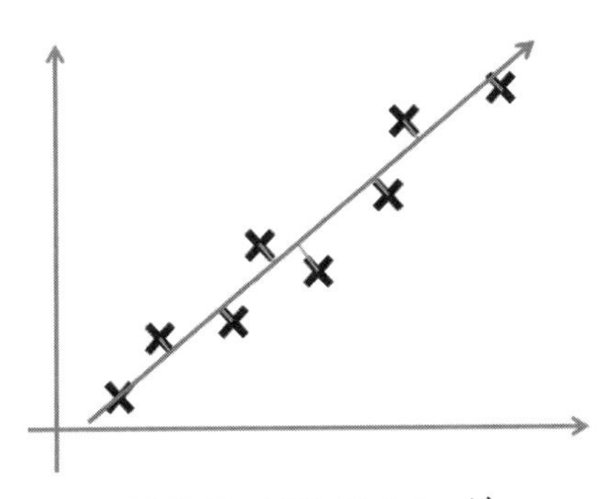

図 3.42　PCA のイメージ

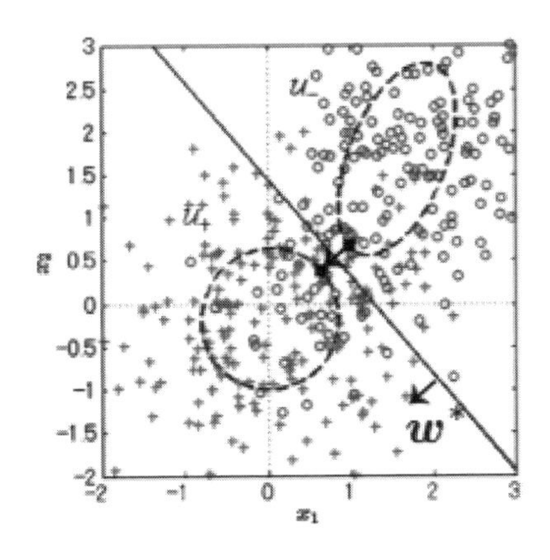

図 3.43　RPCA のイメージ

（5）　異常検知・故障予知を行うにあたっての注意点

異常検知や故障予知を行う場合、システムへの理解が必要です。IoTやAIを活用した異常検知・故障予知では、タイムラグを考慮した設計が必要となり、経年による変化も考慮しつつ、モデルの更新サイクルを定めていかなければなりません。

教師あり学習の場合、異常を検知できる確率が最初からわかっているため、異常かどうか判断しやすいという特徴があります。それに対して、教師なし学習の場合は、異常値を検出できるもののそれが異常かどうか判断するのに別の判断基準が必要です。そのため、類似度などの指標をもとに、しきい値を正しく設定し、異常を判断しなければいけません。

AIの機械学習に教師なし学習を用いる場合、正解の定義が定められていないため、手法ごとの特徴を理解したうえで、複数の手法で判断することによってよい結果を得ることが可能です。また、データ計測の質にも注意が必要です。工場内の機械や部品などに対して異常検知・故障予知を行う場合は、現場の状況が正確にわかるような高精度の計測が大切です。

最後に予知保全を行う場合は複数のセンサーを設置して精度の高い計測データを収集することが最も重要となります。そのためには実証実験を何度も行って、一番精度の高い計測データが収集できるセンサーの設置箇所を特定することが重要です。

既存の設備に後付けでセンサーを仕掛けるとなると設置箇所を特定するまでにかなりの時間と労力を要します。新規の設備についてはあらかじめ一番精度の高い計測ができるセンサーが随所に仕掛けられています。予兆管理をすぐに精度高く実施するのであれば新設の設備導入をお勧めしマスターだし、新設の設備はそう簡単には故障しませんので、予兆の効果が出てくるのは何年も先のことになります。このような状況を踏まえて投資対効果を考えると予兆管理に短期間の投資対効果を求めるのは難しいということになります。

しかし、将来は工場の現場は極力無人化し、集中管理センサーから遠隔でリモートメンテナンスできるようになることが求められています。時代の流れとしては異常検知・故障予知の管理はより重要になるはずです。この点の経営判断を間違えないようにいつから始めるかを決めるとよいでしょう。

3.3 セキュリティ

3.3.1 IoT でのセキュリティ対策のポイント

Q54：制御システムセキュリティ IEC 62443 とは

IoT の導入を検討しておりますが、制御システムセキュリティ IEC 62443 という言葉をよく聞きます。内容について教えてください。

A54：サイバー攻撃の防御策としての標準規格。グローバル標準化の流れ

2017 年に大規模なサイバー攻撃で社会的なインフラストラクチャが一時機能停止になったことは記憶に新しいと思います。それから数年が立ちサイバー攻撃の防御のための標準規格として確立しつつあるのが、IEC 62443 です(**図 3.44**)。

IEC 62443 は制御システムをサイバー攻撃などから守るための、汎用的な標準セキュリティ規格となります。PLC(programmable logic controller)などのコンポーネント機器からシステム、組織・オペレーターまでを網羅しています。欧米では IEC 62443 を国際標準にしていく傾向にあります。

IEC 62443 はセキュリティ要件を「1. 全般」「2. ポリシー・手順」「3. システム」「4. デバイス・製品」の 4 つの視点で策定しています。対象組織は「事業者(システムを利用して事業を行う)」「インテグレータ(構築事業者)」「装置ベンダー」となります。近年になり、IEC 62443-3 システムおよび IEC 62443-4 デバイス・製品の要件が明確になることに合わせ、これらに準拠したシステム・デバイス・製品を調達条件にしていく流れになりつつあります。

制御機器を購入してラインを編成する製造業側では PLC などの機器や IoT プラットフォームなどのシステムがこれらに準拠しているものを選択したいといった声が出てきています。逆にシステムや制御機器を販売しているインテグレータ、装置ベンダーも IEC 62443 準拠を謳うようになっています。

他にはセキュリティに関する組織整備のために国家資格「情報処理安全確保支援士」の設置を推奨するようになりました(**図 3.45**)。情報処理安全確保支援士は、サイバーセキュリティ分野の日本の国家資格となります。有資格者は情

IEC 62443
Industrial Communication Networks – Network and System Security

全般
General

1-1 専門語・概念・モデル
Terminology, concepts and models

1-2 Master glossary of terms and abbreviation

1-3 System security compliance metrics

1-4 IACS security lifecycle and use-case

共通事項

ポリシー・手順
Policies & Procedures

2-1 IACS*1のセキュリティ管理計画の要件
Requirement for and IACS security management system

2-2 Implementation guidance for an IACS security management system

2-3 IACS環境内のパッチ管理
Patch management In the IACS environment

事業者の要件

2-4 SIer*2に対するセキュリティプログラム要件
Security program requirement for IACS service providers

事業者とインテグレータ共通の要件

システム
System

3-1 IACSに向けたセキュリティ技術
Security technologies for IACS

3-2 セキュリティリスク評価とシステム設計
Security Risk Assessment and system design

インテグレータの要件

3-3 システムセキュリティ要件とセキュリティレベル
System security requirement and security levels

インテグレータと製品開発者共通の要件

デバイス・製品
Component/Product

4-1 セキュアな製品の開発ライフサイクル要件*3
Secure product development lifecycle requirement

4-2 IACS機器に対する技術的セキュリティ要件
Technical security requirement for IACS component

将来予定
Draft段階
発行済み

*1 IACS：Industrial Automation Control Systems
*2 SIer：IACS service provider
*3 4-1：2018/2/23発行予定

図 3.44　IEC 62443 の概要

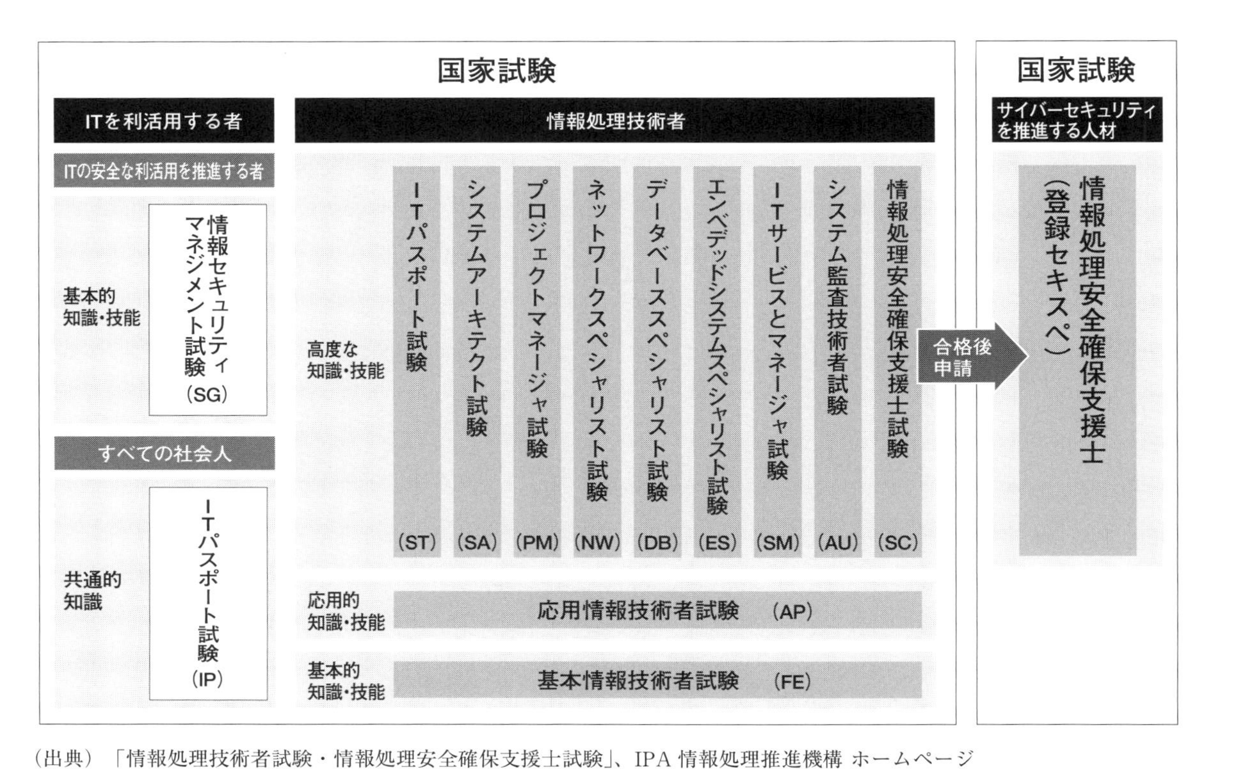

（出典）「情報処理技術者試験・情報処理安全確保支援士試験」、IPA 情報処理推進機構 ホームページ https://www.jitec.ipa.go.jp/1_00topic/koudo_menjo.html

図 3.45 情報処理技術者資格

報処理安全確保支援士の名称を使用して、政府機関や企業などにおける情報セキュリティ確保支援を行います。政府がサイバーセキュリティ戦略本部のサイバーセキュリティ人材育成総合強化方針において、2020年までに3万人超の有資格者の確保を目指すとしています。

試験は年2回開催され、試験内容は「技術要素(セキュリティ)」「企業と法務(法務)」「データベース」「ネットワーク」「サービスマネジメント」から出題されます。

「1. 情報セキュリティ」はセキュリティに関する概要、「2. 情報セキュリティ管理」はリスクの種類や対応、管理方法です。「3. セキュリティ技術評価」ではセキュリティがどこまで確保されているかの評価方法、「4. 情報セキュリティ対策」はセキュリティの各種対策や管理方法です。「5. セキュリティ実装技術」は技術的な方法となります。

これだけの内容を把握できれば、セキュリティ確保に必要な体系的な知識を有することができます。

今までは「システムで現状どこまでセキュリティ対策が講じられているか」「どこまでセキュリティ対策を講じるか」という知見がある人材がユーザ企業には少なかったですし、投資対効果が不明確なため、後回しになっていた傾向にありました。しかし、この情報処理技術者資格者が増えることにより、セキュリティに対する意識が高まることが想定されます。

IEC 62443のセキュリティ規格や情報処理安全確保支援士の設置により規格の遵守や資格者の設置をしている企業は社会的にも安全、安心なブランドを保有することになり、競合他社との差別化にもつながります。

Q55：サイバー攻撃を防ぐには

最近、サイバー攻撃により大手製造業から機密情報や人材情報が奪われるといった報道をたびたび見聞きします。サイバー攻撃を防ぐにはどのような対策をすればよいか教えてください。

A55：システムセキュリティ強化と人材教育の両面での対応が必要

最近はサイバー攻撃による被害が少なからず報道されるようになりました。

セキュリティ強化の標準規約や組織整備の国家資格を追加するなどの対策が出てきています。

ではシステムでセキュリティを強化して防ぐことは可能なのでしょうか。

サイバー攻撃は機器のソフトウェアやハードウェアの欠陥、いわゆる脆弱性を狙ったものが多いので、脆弱性という傷口を塞いで置く必要があります。そのためにセキュリティソフトを導入した後も定期的にソフトウェアのアップデートをしておく必要があります。

サイバー攻撃の手口はどんどん進化していきます。ソフトウェアもすべて完全とはいえないところもありますので、定期的にアップデートをすることにより侵入経路をなくしておく努力が必要なのです。

ソフトウェアのアップデートも自動更新する設定をしていてもうまくネットワークが接続できてなくて古いバージョンのままになっているケースもしばしば見かけます。そうなると集中して監視することには限界がありますので、各人がセキュリティが確保されているかの意識を高めておく必要があります。スパムのようなメールの添付ファイルを開くことでウイルスが発動するものもあります。手口が巧妙化しているため、各人がセキュリティに対する知識を持って対応していかないと防止ができないところがセキュリティ確保の難しさです。

サイバー攻撃に対しては手口が多岐にわたり、個々の対策を個別に対応しているとセキュリティの機器もソフトも複雑な構成になってしまいます。そのため、最近はUTM製品の導入が進んでおります。

UTM(unified threat management)製品は統合型対策製品として位置づけられ、ネットワーク対策やセキュリティ対策などの複数の分類カテゴリに示す機能を1台で提供する機器となります。

基本的にはUTM製品では多岐にわたるウイルスの混入や外部からの侵入経路を塞ぐことを複合的に行えます(**図3.46**)。

それでも完全に防止できないため、監視も必要となります。

サイバー攻撃は自社の機器を踏み台にして中に侵入します。踏み台の機器にアクセスするために踏み台の機器に侵入できる経路を見つけて入り込むのです。わかりやすくいえば侵入できる経路が狭くなれば侵入しにくいのです。具体的には侵入できるネットワークアドレスの数を極端に減らしておくこととな

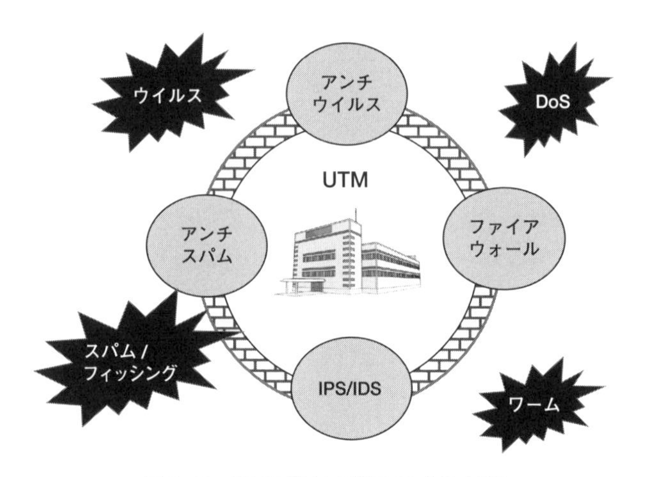

図3.46　UTM製品で対応できる対策

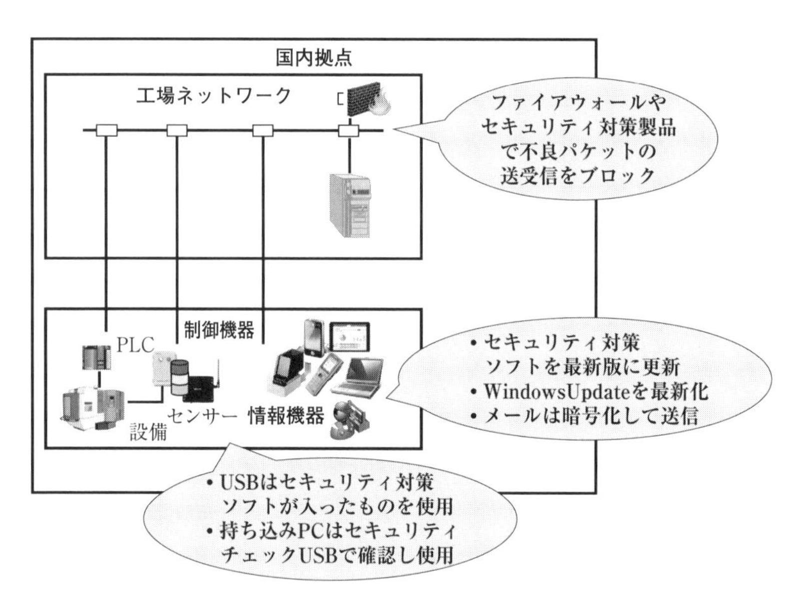

図3.47　工場ネットワークにおけるセキュリティのポイント

ります。そうすると侵入経路が狭くなりますので万が一入られてもそのアドレスを常時監視しておくことにより、普段見ない領域にアクセスされれば警告を出すなどの処置をしておくと監視することができます。

サイバー攻撃側が侵入経路を見つけた場合は残念ながら自動的に侵入経路を

塞ぐことはできません。その場合は、人が監視して異常を見つけたらセッションを切るなどの対応をするしかありません。他にもいろいろと侵入経路を狭くする工夫をしながら各社対応を図っています(**図 3.47**)。

侵入経路を狭くすればするほど、利用者の利便性は低下していきます。「システムの応答速度が遅くなる」「こまめにセッションが切れ、再度ログイン処理を行わないとシステムが利用できない」といったことが発生します。今後は企業内のシステム利用においてもより高性能なシステムを使用する必要が出てくるかもしれません。

3.4 自働化

3.4.1 自働化と IoT の連携(AMR、自動倉庫、協働ロボット)

Q56：複数の工程への部品の搬送を自動化するには

ジョブショップ工程配置(機能別配置：同種の機能や性能をもつ機械設備をグルーピングして編成した工程配置)で生産しており、各工程に対し流すものを決めています。このように複数の工程への部品の搬送を自動化するにはどうすればよいですか？

A56：モバイルロボットを活用する

新規ラインを構築するにあたり、自動化範囲を搬送工程まで広げるケースが増えてきました。しかし、各工程が配置されており、その中に物を流すようなジョブショップ配置の場合、部品供給の際は倉庫から工程の複数のポイントに部品を搬送する必要があります。このようなケースの場合はあらかじめ決められた動線どおりに物を搬送することができません。

最近はモバイルロボットと呼ばれる AI 機能を搭載した無人搬送ロボットが出てきました(**図 3.48**)。このロボットは工場内の無線 LAN を活用して AI が無人搬送ロボットの位置を把握して、目的地までの最適ルートを判断して搬送することが可能になります。実際に走行中に障害物があると一旦停止し障害物を避けて走行します。

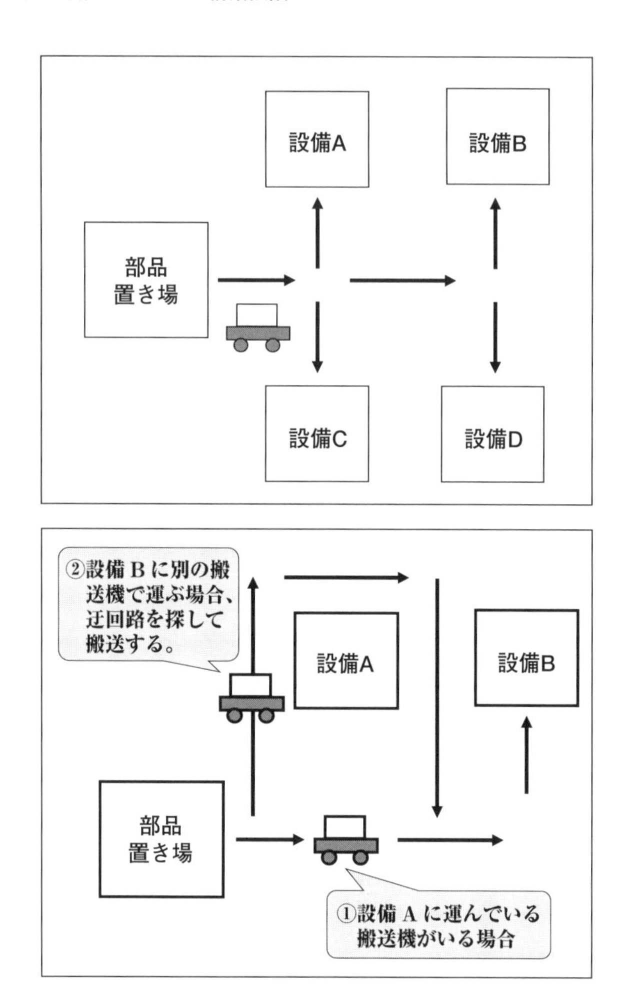

図3.48　モバイルロボットでの搬送例

例えば、工程の設備がA、B、C、Dの4カ所あり、部品をあるときはAの設備に次はBの設備に搬送するようなケースがあった際にシステムで部品置き場からAやBの場所を指示すれば、モバイルロボットが部品置き場からAやBの場所までの最適な経路を導いて部品を搬送するといった流れになります。最短距離の経路で物が渋滞している場合は、迂回路を探して運ぶといった対応もしてくれます。搬送機は電気で動いていていますが動いていないときはステーションと呼ばれる元の場所に戻ります。そこで充電器がありますので自動で電力を補充しています(図 3.49)。

他にも搬送経路に誤って人が通行していても人の前で止まり衝突事故を起こさないように安全面の配慮もされています。

モバイルロボットは走行する速度が比較的ゆっくりなため、搬送するサイクルタイムは人がフォークリフトや台車で運ぶ時間よりもかかります。搬送のサイクルタイムが長いケースには向いていますが、小ロットで何回も小まめに運ぶようなケースで短いサイクルタイムで搬送するケースへの適用は向いていません。

最近は自動化を追究した無人化ラインの構築が先進工場を中心に進んでいます。無人化ラインには主に次のメリット、デメリットがありますのでご参考ください。

《無人化ラインの主なメリット》

① 高速な生産が可能になり、生産性が飛躍的に上がる。

② 人による生産のばらつきがなくなる。人手不足にも影響を受けない。

③ ラインの海外展開などへの横展開がしやすい。

《無人化ラインの主なデメリット》

① 不良による手直しなどが発生すると人手の対応で生産性が急激に落ちる。

② 急な計画変更や頻繁な段替え対応が発生すると対応が困難。

③ ライン投資が高額(約 10 倍)となり、採算をとるための期間が長期になる。

メリットだけでなくデメリットの部分の対策も十分に検討して導入していただくとよいです。対策としては次のようなことがあげられます。

1) イレギュラー対応の業務を洗い出し、人と設備の最適化設計を行う。

2) すぐ無人化による全自動化するのでなく投資対効果を重視した半自動化から始める。

1)については生産現場も含めて三現主義で現状把握を行い、現状業務問題点やイレギュラー業務について有識者からのヒアリングなどにより可視化します。そのうえで、「設備で生産して跳ね出された不具合があればその対応を誰がどのルールで対処するのか」など、業務手順をまとめて、人と設備の役割分担を行って最適化します。

日本の製造業はもともと人による生産を重視し、「現場力」と呼ばれる人間力に頼ってイレギュラー業務をカバーしていました。この部分が暗黙知化しているため可視化して対処方法を明確にしたうえで全自動化するのです。

2)ではコストを重視しています。現状では、人手で対応するものをすべて自動化すると半自動化の約10倍のコストがかかるともいわれています。そのため設備の償却期間が長くなります。

したがって2)は、部品の搬送工程などについてはいきなり全自動化するのではなく、「倉庫からの出庫」→「工程への搬送」→「工程への部材の投入」の一連の作業の内、人手で行う作業と自動化する作業を分担するなど、半自動化による省力化から始める方法だといえます。

Q57：自動搬送するには

部品のピッキングや製品置場から出荷置き場までの集荷の自動搬送をしたいのですが、どうしたらよいでしょうか？

A57：AMR(自律走行搬送ロボット)を活用する

Q&A56でもモバイルロボットの活用について取り上げましたが、ここではAMRと呼ばれる自律走行搬送ロボットの高度な搬送の自動化についてもう少し具体的に解説していきます。

AMR(autonomous mobile robot)は「自律走行搬送ロボット」とも呼ばれます。自動搬送機というとAGV(automatic guided vehicle：無人搬送車)が一般的です。AGVは磁気テープなどのガイドラインのルート上での走行しかできません。

それに対して、AMRは目的地を指定すれば、自ら人や障害物を自動的に回避し目的地に移動します。そのため、複雑な経路での自動搬送に向いており現場作業者の移動距離の削減が可能となります。AMRの基本動作についてはQ&A56をご参照ください。

AMRには主に3つの走行方式があります(表3.6、図3.49)。

① **ライントレース式**

床面のランドマークの配置に沿って走行する。

② **SLAM(simultaneous localization and mapping)式**

全面のカメラと無線で位置を把握し走行する。

③ **ランドマーク(シール読取り)式**

ランドマークの指示どおりに走行する。またはランドマークで正確な位置を把握し、無線からの指示を受けて走行する。

ライントレース式は従来型のAGVの方式で磁気テープなどのマークしたガイドライン上を走行します。比較的安価に導入できますが、固定されたルート

表3.6 自動搬送方式の比較

	ライントレース式	SLAM式	ランドマーク式
位置情報	決められた走行ルート ○	無線とカメラで制御 △	無線とランドマークで制御 ○
初期設定の手間	磁気テープの敷設必要 ×	ソフトの設定のみ ○	ランドマークの敷設必要 △
変更の手間	磁気テープの敷設必要 ×	ソフトの設定のみ ○	ソフトの設定のみ ○
価格	数十万円~ ○	数百万円~ △	数百万円~ △

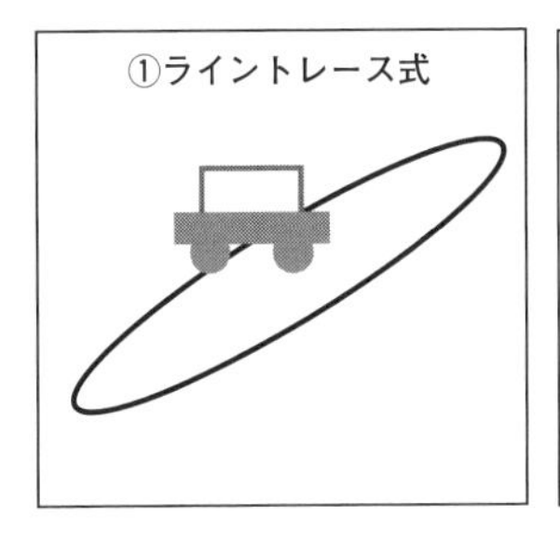

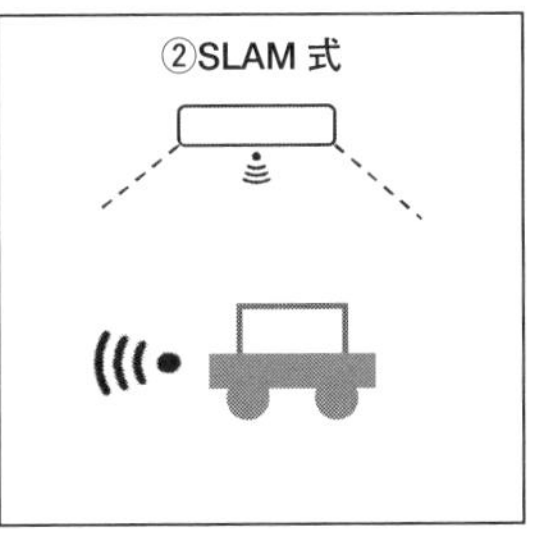

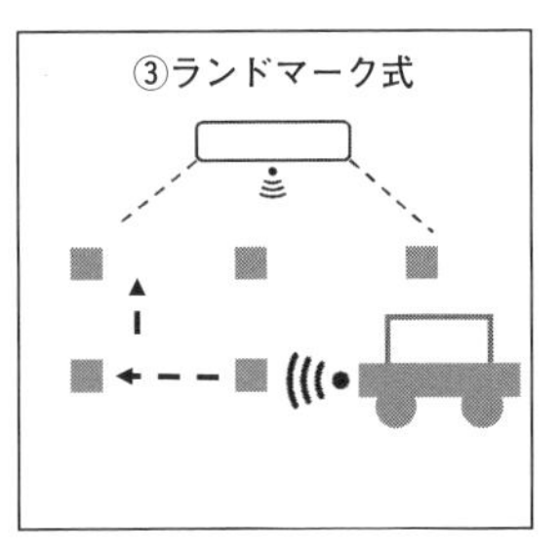

図3.49 搬送方式のイメージ

しか走行できず、ルート変更に手間がかかるのが欠点です。

それに対し、SLAM式は無線からの目的地の指示に対して、全面についたカメラで現在の位置や障害物を判断し目的地に走行する方式です。軌道が固定されないため、無軌道型とも呼ばれます。複雑な経路に向いていますが、周辺環境のマッピングやティーチングに時間がかかるのが欠点です。周辺環境が変化したり、複数のAMRが相対するとどちらも避けられず、にらめっこしてしまうケースもあります。

ランドマーク読取り式は床面の一定間隔にランドマークと呼ばれるシールを貼りAMRがそのマークを定期的に読み取ることにより、正確な位置を把握することで安定した自立走行をすることができます。ランドマークも磁気テープより安価で設置しやすいという利点もあります。こちらはランドマークを設置したエリアでの走行範囲にとどまることと事前にランドマークを設置する作業が必要になるのが欠点となります。

複雑な経路で複数のAMRを走行するには、事前にランドマークの手間はかかりますが、位置精度の高いランドマーク方式がよいといえます。複雑な経路ではあるが、スペースが広く、障害物が比較的少ない環境下であればSLAM方式がよいでしょう。最近は複数の走行方式を切替え可能なAMRも出てきていますので、実証実験を行い自社の搬送シーンに最適な走行方式を選択することも可能です。

費用はライントレース式であればAGVで対応可能なため、1台数十万円程度です。SLAM式、ランドマーク式のAMRは最低でも1台100万円以上、高機能になれば1台数百万円になります。AGVに比べて高機能な分、高額となりますので利用シーンから本当にAMRが必要かどうか検討いただく必要があります。制御する機器も高機能なPLCで制御しているものが多いのですが、最近はラズパイなどの低価格な機器による制御例も出てきていますので、搬送機だけでなく、搬送機を制御する機器やソフトウェアも含めてコストを把握していただくとよいでしょう。

参考文献

［1］ 山田浩貢：連載「解決！ IoT お悩み相談室」、『工場管理』、2018 ～ 2023 年

［2］ 山田浩貢：『品質保証における IoT 活用－良品条件の可視化手法と実践事例』、日科技連出版社、2019 年

［3］ 山田浩貢：『工場 IoT 技術者のための PLC 攻略ガイド よくわかるラダー言語の基本と勘所』、日刊工業新聞社、2019 年

索　引

著者紹介

山田 浩貢(やまだ　ひろつぐ)

1969 年名古屋市生まれ。1991 年愛知教育大学総合理学部数理科学科卒業後、株式会社 NTT データ東海入社。製造業向け ERP パッケージの開発・導入および製造業のグローバル SCM、生産管理、BOM 統合、原価企画、原価管理のシステム構築を PM、開発リーダーとして従事する。

2013 年、株式会社アムイを設立。トヨタ流の改善技術をもとに IT/IoT のコンサルタントとして業務診断、業務標準の作成、IT/IoT 活用のシステム企画構想立案、開発、導入を推進している。

主著に『品質保証における IoT 活用－良品条件の可視化手法と実践事例』(日科技連出版社、2019 年)、『「7つのムダ」排除　次なる一手　IoT を上手に使ってカイゼン指南』(日刊工業新聞社、2017 年)、連載記事に「トヨタ生産方式で考える IoT 活用」(ITmedia MONOist、2015 ～ 2018 年)、月刊『工場管理』(日刊工業新聞社)にて 2018 年より連載している「解決！ IoT お悩み相談室」がある。

製造業のIoT活用Q&A

IoTのお悩み、解決します！

2023年4月28日　第1刷発行

著　者　山　田　浩　貢
発行人　戸　羽　節　文

発行所　株式会社　日科技連出版社
〒151-0051　東京都渋谷区千駄ヶ谷5-15-5
DSビル
電　話　出版　03-5379-1244
営業　03-5379-1238

検印省略

Printed in Japan

印刷・製本　河北印刷株式会社

ISBN 978-4-8171-9778-8
URL https://www.juse-p.co.jp/